Die galvanotechnischen Bäder

Ihre chemische Untersuchung und praktische Erprobung unter Berücksichtigung der Roh- und Hilfsstoffe der Galvanotechnik

Von

Dr. Alfred Wogrinz

Privatdozent an der Technischen Hochschule Wien,
fachtechnisches Mitglied des Österreichischen Patentamtes,
gerichtlich beeidigter Sachverständiger

Mit 8 Abbildungen im Text

M·KRAYN
BERLIN·W·

1928

Großdruckerei Paul Dünnhaupt, Cöthen i. Anh.

Inhaltsverzeichnis.

Vorrede.

Das vorliegende kleine Werk habe ich nach den Erfahrungen verfaßt, die ich in bald fünfundzwanzig Jahren bei meiner Tätigkeit im Österreichischen Staatlichen Gewerbeförderungsamte und dann später als technischer Mitarbeiter der Langbein-Pfanhauser-Werke in Wien sammeln konnte. Es soll im Sinne eines Wunsches des Herrn Verlegers als eine zeitgemäße Neuausgabe von Krügers: „Die Gehaltsbestimmungen der galvanischen Bäder und die Chemikalien des Galvanotechnikers" eine Ergänzung der allgemeinen Lehr- und Handbücher der Galvanotechnik sein, deren am Schlusse übrigens noch in einer Zusammenstellung mit erläuternden Bemerkungen gedacht wird.

Ob es mir gelungen ist, etwas Nützliches zu schaffen, wird wiederum die Aufnahme meiner Arbeit in jenen Kreisen lehren, für die sie bestimmt ist.

Wien, Weihnachten 1926.

Der Verfasser.

Einleitung.

Die Galvanotechnik befaßt sich mit den Verfahren, deren Zweck es ist, durch den elektrischen Strom aus geeigneten Lösungen, den „Bädern“, die in ihnen enthaltenen Schwermetalle niederzuschlagen — entweder, um den Gegenständen, auf denen der Metallniederschlag abgeschieden wird, einen sie schützenden und verschönernden Überzug zu geben — oder aber, um auf elektrolytischem Wege Metallwaren herzustellen.

Diese Umschreibung ihres Zweckes grenzt die Galvanotechnik gegen die Elektrometallurgie ab, deren Aufgabe die Gewinnung und die Reinigung von Metallen ist und diese Abgrenzung ist eine ziemlich scharfe, obwohl die Betriebsmittel der Elektrometallurgie und der Galvanotechnik oft recht ähnliche und die auf dem einen Gebiete gewonnenen Erfahrungen meist auch für das andere nützlich sind. Jene Verfahren der Galvanotechnik nun, bei denen die Waren einen sie schützenden und verschönernden Überzug erhalten, gehören wiederum zur Galvanostegie, während die Aufgabe der Galvanoplastik die soeben erwähnte elektrolytische Erzeugung von Metallwaren ist. Bekannte galvanostegische oder Elektroplattierarbeiten sind etwa das fabrikmäßige Verzinken von Drähten oder das Vermessingen von Blechbändern aus Eisen und das vielfach auch von Handwerkern geübte Vernickeln von Fahrradteilen, das Versilbern von Bestecken, sowie das Vergolden von Ziergegenständen. Eine galvanoplastische Arbeit aber ist zum Beispiel die elektrolytische Herstellung von Druckplatten nach Stichen, Radierungen, Ätzungen und Schriftsätzen — sie ist wiederum auch kleinen Werkstätten möglich, im Gegensatze zu der den Großbetrieben vorbehaltenen Erzeugung von nahtlosen Kupferröhren nach Elmore.

In der Apparatur für die Verfahren der Galvanotechnik nun stehen, so mannigfach ausgestaltet sie für die verschiedenen Zwecke auch sein mag, an erster Stelle doch immer die Gefäße für die „Bäder“, das sind die Lösungen, aus denen der elektrische Strom die gewünschten Metalle niederschlägt. In diese Bäder führen wir die den Strom leitenden Unterlagen, die Kathoden, ein, auf denen die Metallabscheidung stattfindet und zwar kann dies sowohl von Hand geschehen, als auch mit Fördervorrichtungen im ununterbrochenen Betriebe, wie bei den neuzeitlichen Fließanlagen für große Mengen von Stückwaren oder den ganz selbsttätigen Anordnungen für die Bearbeitung von Drähten und Blechbändern. Als Anoden dienen entweder Platten, Barren oder Drähte des gleichen Metalles, das man an den Kathoden abscheiden will, damit dem Elektrolyten stets soviel an Metall zugeführt werde, als man ihm entzieht — das heißt, man trachtet durch die Verwendung löslicher Anoden seine Zusammensetzung soweit als möglich zu erhalten — oder man arbeitet mit unlöslichen Anoden aus Kohle, Blei, in alkalischen Bädern wohl auch aus Eisen, Chromstahl oder Platin. Dabei tritt aber eine mehr oder weniger rasche Verarmung an Metall ein, die man durch zeitgerechtes Nachgeben geeigneter Stoffe ausgleichen muß.

Zum Betrieb der Bäder dienen dann — mittelbar unter Benützung von Sammlerzellen oder unmittelbar — heute fast nur mehr Dynamomaschinen, Gleichstrom-Nebenschluß-Generatoren, die gewöhnlich schon bei mittelgroßen Typen Wendepole haben. Kleine Pendel- oder Quecksilberdampfgleichrichter sind vorläufig nur für geringe Stromleistungen gut verwendbar — welche Bedeutung für unser Fach Großgleichrichter noch gewinnen werden, müssen wir abwarten. Gedenken wir noch der Leitungs-, Schalt- und Sicherungseinrichtungen, sowie der Behelfe zum Messen und Regeln der Stromstärken und der Spannungen im Betriebe, so haben wir damit das Wesentliche jeder galvanotechnischen Apparatur aufgezählt. — —

Wenn wir uns also jetzt den elektrolytischen Bädern für unsere Zwecke zuwenden und erst einmal alle aufzählen, welche die gewerbliche Praxis überhaupt verwendet, so mögen wir etwa die folgenden anführen:

Bäder zur Abscheidung von Chrom, Eisen, Nickel, Kobalt, Zink, Kupfer, Kadmium, Blei, Arsen, Antimon, Zinn, Silber, Gold, Platin und Palladium, ferner Bäder zur Abscheidung von Nickel-Kobalt-, Nickel-Eisen- und von Kupfer-Zink-Legierungen, letztere als Messing-, Tombak- und Bronzebäder bekannt, sowie schließlich Bäder zur Abscheidung von Gold-Silber-, Gold-Kupfer- und Gold-Zink-Legierungen, die sogenannten „Grüngold“-, „Rotgold“- und „Weißgold“-Bäder.

Nun dürfen wir aber auch den Zweck des vorliegenden Buches nicht vergessen und für unsere weiteren Betrachtungen deshalb zunächst jene Bäder ausscheiden, die doch wohl seltener gebraucht werden, wie die Kobalt-, Eisen-, Nickel-Eisen-, Kadmium-, Platin- und Palladiumlösungen und weiter die mehr der Metallfärbung dienenden, mit unlöslichen Anoden arbeitenden Antimon- und Arsenansätze — umsomehr, als der geringe Preis der letzteren weiter ausgreifende betriebsmäßige Untersuchungen nicht rechtfertigen würde. Sind sie einmal ausgenützt, dann haben sie eben ihren Dienst getan und man muß sie durch frische Lösungen ersetzen. Und schließlich wollen wir uns auch mit den Chrombädern nicht befassen, die heute noch Gegenstand lebhafter Auseinandersetzungen der Fachleute sind,[1]) sowie mit den Zinn- und den Blei-Elektrolyten, deren Ausbau für die Galvanotechnik derzeit doch noch nicht ganz abgeschlossen ist.

Die verbleibenden Bäder fassen wir schließlich nach den Erfahrungen der Praxis in zwei Gruppen zusammen, nämlich in neutrale oder schwach saure und in alkalische, so daß wir zu der folgenden Zusammenstellung kommen:

Neutrale oder schwach saure Bäder:

1. Saure Zinkbäder
2. Nickelbäder und Nickel-Kobaltbäder
3. Saure Kupferbäder

Alkalische Bäder:

4. Alkalische Zinkbäder
5. Zyankalische Kupferbäder
6. Messing-, Bronze- und Tombakbäder
7. Silberbäder
8. Goldbäder

und nun wollen wir aufzeigen, welche Anforderungen wir an die Bäder im Betriebe stellen und von welchen Voraussetzungen die Methoden für ihre Untersuchung ausgehen.

Die erste Anforderung an ein Bad ist die, daß der Metallniederschlag, den es bei richtiger Handhabung liefert, gleichmäßig dicht und metallisch anfällt und auch sonst eine entsprechende Beschaffenheit hat. So verlangen wir von den Niederschlägen aus sauren Kupferbädern ein feines Korn, nebst großer Zähigkeit und Geschmeidigkeit — gerade wie von stärkeren Nickelniederschlägen, während zum Beispiel die Bäder für die Eisengalvanoplastik in der Regel ebenfalls zähe, dabei aber elastische und genügend harte Abscheidungen liefern sollen. Die zweite Anforderung an einen Elektrolyten für praktische Arbeiten unseres Faches ist, daß man ihn — auch seinem Preise nach — wirklich betriebsmäßig ver-

---

[1]) Ihretwegen sei auf D. W. Pfanhausers Werk: „Das Verchromungs-Verfahren", Eigenverlag der Langbein-Pfanhauser-Werke, Wien-Leipzig, verwiesen.

wenden kann. Es ist höchst merkwürdig, mit welcher Naivität oft heute doch recht kostspielige Patente auf neue Verfahren genommen werden, deren Unbrauchbarkeit in der Werkstätte wegen der apparatetechnischen Schwierigkeiten oder wegen der sonderbaren Zusammensetzung der „erfundenen" Lösungen der erfahrene Fachmann sofort erfaßt. Jemandem, der eben einem vielleicht recht weltfremden Studienbetriebe entwachsen ist oder noch in ihm wurzelt, mag man es ja zugute halten, wenn er die Kluft zwischen der wissenschaftlichen Forschungsstätte und dem selbstverständlich und mit vollem Rechte auf Gewinn gerichteten Treiben einer Fabrik übersieht und es gar nicht ahnt, wo und wie die Brücken über diese Kluft zu schlagen sind — merkwürdig aber ist es, wie selbst tüchtige Praktiker manchmal von gelungenen Laboratoriumsversuchen geblendet werden! Wir wollen aus naheliegenden Gründen davon absehen, besondere Beispiele für das Gesagte anzuführen; wer solche sammeln will, dem bringt die Patenliteratur der einzelnen Staaten belehrenden und oft auch erheiternden Stoff in Fülle.

Die dritte Anforderung endlich, der ein galvanotechnisches Bad zu genügen hat, ist, daß es beständig sein, das heißt im ordentlich geführten Betriebe seine erprobte Zusammensetzung möglichst wenig ändern soll. Geht dies aber nicht an, dann sollen die unvermeidlichen Änderungen des Zustandes wenigstens derartige sein, daß sie nach den Ergebnissen der Betriebskontrolle mit praktisch anwendbaren Mitteln behoben oder zumindesten durch längere Zeit hindurch unschädlich gemacht werden können. Im Betrieb unbedingt beständig ist überhaupt kein Elektrolyt; selbst in einem so einfachen, in Ruhe nicht veränderlichem Ansatze wie dem sauren Kupferplastikbade, das gewöhnlich nur eine Lösung von Kupfersulfat und Schwefelsäure in Wasser ist, können im Betriebe Verschiebungen der Zusammensetzung eintreten, mit deren Erforschung sich schon Wohlwill viel befaßt hat. Viel weitergehende und grundsätzliche Veränderungen in der Zusammensetzung finden wir aber bei jenen Elektrolyten, in denen vorhandene Stoffe unter Bildung anderer verschwinden, sei es unter dem Einflusse der Luft, sei es durch die Wirkung von Schimmelpilzen, sei es durch anodische oder kathodische Vorgänge. Derartige, mit der Zeit mehr oder weniger rasch fortschreitende Veränderungen sind nun einmal nicht ganz aufzuhalten, und es ist eben Sache der Betriebskontrolle, ihren Umfang festzustellen, worauf sie, wie eben bemerkt, bei einem zweckmäßigen Ansatz wenn nicht behoben, so doch unschädlich gemacht werden können. Dagegen ist es bei den erst erwähnten sauren Kupferbädern oder auch bei den Nickelbädern ohne einen Gehalt an organischen Stoffen, also bei Ansätzen, die in Ruhe unveränderlich sind, meist nur die Schuld einer mangelhaften Betriebsführung, wenn sich schon nach kurzer Zeit starke Verschiebungen der Zusammensetzung fühlbar machen.

Welche Methoden haben wir denn nun eigentlich für die Betriebskontrolle der Bäder, die also den Leiter der Werkstätte über die Art und den Umfang der Veränderungen in seinen Bädern unterrichten und ihm die Mittel weisen soll, sie zu beheben und durch vorbeugende Maßnahmen die erprobte Zusammensetzung der Lösungen zu erhalten? Die Verfahren einer solchen, offenbar ganz unentbehrlichen Betriebskontrolle können zunächst rein praktische sein und darin bestehen, daß man mit kleinen Anteilen der Bäder — etwa 0.5 bis 10 Litern — in passenden Glas-, Steinzeug- oder Emailblechwannen Versuche auf Probestücken anstellt und — tastend weiterarbeitend — erst diese Anteile durch geeignete Zusätze in Ordnung bringt. Ist dies gelungen, so geht man dann mit den entsprechenden Mengen der Zusätze in die Betriebsbäder selbst ein. Um die Ausbildung solcher Verfahren haben sich insbesondere Stockmeyer in Nürnberg, Langbein in Leipzig und der ältere und der jüngere Wilhelm Pfanhauser verdient gemacht. Ihr großer Vorteil ist es, daß sie von gewiegten Praktikern leicht, rasch und mit einfachen Mitteln ausgeführt werden können, ihr Nachteil, daß es nicht selten großer Erfahrungen in der Beurteilung der Eigenschaften und der Arbeitsweise galvanotechnischer Bäder bedarf, um aus dem Verhalten der Anoden, dem Aussehen der Niederschläge auf den Probestücken, sowie anderen Kennzeichen wirklich verläßliche Schlüsse zu ziehen und mit den Versuchsarbeiten zum Ziele zu kommen. Der Vorteil analytischer Methoden — wenn anwendbar — ist es, daß sie in ihren ziffernmäßigen Ergebnissen Veränderungen meist schon dann aufzeigen, wenn deren Wirkung noch lange nicht durch das Aussehen der Niederschläge oder der Anoden sinnfällig wird. Unsere Ansicht ist es, daß der Galvanotechniker, will er im Fache wirklich auf der Höhe stehen, sowohl die Verfahren der praktischen Erprobung seiner Bäder, als auch die für ihn in Betracht kommenden analytischen Methoden sicher beherrschen muß, damit er sich jederzeit die einem besonderen Falle angemessene Arbeitsweise zurechtlegen könne. Das Instrumentarium, dessen er dazu bedarf, ist ein recht einfaches. — Dies wolle nicht nur der weiterstrebende Praktiker beherzigen, sondern auch der junge Chemiker, der, erst seit kurzem im Erwerbsleben stehend, in einen galvanotechnischen Betrieb eintritt. Nichts schädigt nämlich — abgesehen von Unzuverlässigkeit — seine Stellung mehr, als wenn er, schwer von unklaren Plänen über wissenschaftliche Forschungen und Neueinführungen, kostspielige Geräte anschafft, die dann als körperhafte Vorwürfe unbenützt in den Ecken des Laboratoriums umherstehen. Anderseits wäre aber auch wiederum falsche Sparsamkeit nicht am Platze, das heißt das Streben, bei der Anschaffung des nun einmal als nötig Erkannten nur ja billig einzukaufen, sei es auch Schund. Wir dürfen niemals vergessen, daß gute Ware immer und überall auch gutes Geld kostet und beim Handwerkszeuge nur das Beste gerade gut genug sein darf!

Und schließlich sei der Leser gleich auch hier auf die Zusammenstellung wichtiger Bücher verwiesen, mit dem Wunsche, daß deren Studium, vereint mit den Erfahrungen des Betriebes, ihn zur Meisterschaft in dem so schönen Fache der Galvanotechnik führen möge.

A. Die Untersuchung und die Erprobung einiger Roh- und Hilfsstoffe der Galvanotechnik.

I. Metalle.

1. Nickel.

Insbesondere bei der Anschaffung von Nickelanoden ist es geboten, nur mit verläßlichen Firmen zu verkehren, die für die Beschaffenheit ihrer Ware einstehen können. Unreine Anoden verderben nämlich gerade die neuzeitlichen erwärmten, bewegten und ständig filtrierten Hochleistungsbäder bald und ein scheinbar sehr vorteilhafter Gelegenheitskauf mag schweren Schaden bringen und bitteres Lehrgeld kosten.

Wir unterscheiden schon nach dem Aussehen zwei Arten von Anoden, nämlich gegossene und gewalzte — was deren Verwendung anbelangt, wollen wir mit der Zustimmung des Herrn Verfassers die den Gegenstand betreffenden ungemeinen klaren Erläuterungen aus Dr. Wilhelm Pfanhausers Werk: „Die elektrolytischen Metallniederschläge"[1]) hier wiedergeben:

„Es ist eine bekannte Tatsache, daß fast alle Nickelbäder bei gut eingestelltem gleichen Verhältnis der Warenfläche zur Anodenfläche auch bei normalen Stromverhältnissen bei Verwendung gewalzter Anoden sehr schnell sauer und gleichzeitig metallarm, bei Verwendung gegossener Anoden alkalisch, beziehungsweise ammoniakalisch werden; in den älteren Auflagen dieses Werkes wurde schon der Vorschlag gemacht, diesem Übelstand dadurch zu begegnen, daß teils gewalzte, teils gegossene Anoden nebeneinander zu verwenden seien und manche Autoren haben bis heute noch streng daran festgehalten.

Die Untersuchungen des Verfassers in dieser Richtung haben aber gelehrt, daß diesem Übelstand auch durch entsprechende Regulierung der Anodenstromdichte abgeholfen werden kann.

Jeder Praktiker weiß aus Erfahrung, daß eine geringe Gasentwicklung (Wasserstoff) an der Ware niemals zu vermeiden ist, auch bei geregelten Stromverhältnissen stattfindet. Da nun die Wasserstoffentwick-

---

[1]) Berlin, Springer 1922.

lung nur unter gleichzeitiger Bildung von freiem Alkali vor sich geht, dieses aber alsbald das Bad störend verändern würde, so muß durch geeignete Regulierung der Stromdichte an der Anode dort so viel freie Säure gebildet werden, um das an der Ware entstehende Alkali zu neutralisieren. Da aber das Lösen des Nickels von der Anode in Bädern normaler Art nur dann regelrecht vor sich geht, wenn die Anodenstromdichte sehr klein ist (etwa $\frac{1}{2}$ bis $\frac{1}{3}$ der Warenstromdichte), so geht daraus hervor, daß die Anodenfläche bestimmt sein muß. Es ist nun ganz einerlei, ob man Walz- oder Gußanoden verwendet, wenn man die Anodenplatten so dimensioniert, daß deren wirksame Fläche im Verein mit der Badstromstärke diejenige Anodenstromdichte bewirkt, welche zur Erzeugung der erforderlichen Menge freier Säure behufs Neutralisation des an der Ware entstandenen Alkalis nötig ist.

Aus Versuchen des Verfassers hat sich ergeben, daß die wirksame Oberfläche der Gußanoden ungefähr drei- bis viermal so groß ist als die der gewalzten.

Aus ökonomischen Gründen wird man demnach Gußanoden entschieden vorziehen, zu den Walzanoden nur dann greifen, wenn es sich um Nickelbäder handelt, die mit gewalzten Anoden ökonomischer arbeiten. Das gilt speziell von warmen Bädern oder von solchen, in denen mit höherer Stromdichte gearbeitet wird und die leicht zum Alkalischwerden neigen.

Besondere Auswahl treffe man bei der Anschaffung gegossener Nickelanoden. Es ist eine anerkannte Tatsache, daß der richtige Guß reinen Nickels zu Anodenzwecken ungemein viel praktische Erfahrung und Sachkenntnis erfordert. Leider hat sich eine ganze Anzahl von Gießereien berufen gefühlt, sich im Gießen von Reinnickelanoden zu versuchen und auf den ersten Blick kann man solche gegossene Anoden von brauchbarem guten Guß nicht unterscheiden. Bringt man aber ungeeignet gegossene Nickelanoden in die Nickelbäder, so sieht man in kürzester Zeit den gewaltigen Unterschied des Verhaltens gegenüber sachgemäß gegossenen Anoden. Während sich gute Gußanoden (normale schwach saure Reaktion der Nickelbäder vorausgesetzt!) glatt lösen und fast bis zur letzten Haut in zusammenhängender Form bleiben, zeigt schlechter Guß schon nach etwa 14 tägigem Betrieb einen dicken schwarzen Schlammbelag von Nickelsuperoxyd, was viele Laien als Kohle bezeichnen und dann dem Anodenlieferanten den allerdings nicht angebrachten Vorwurf machen, er hätte ihnen Kohle und kein Nickel geliefert. Es ist ferner dieses Schwarzwerden der Anoden begleitet von einem Zermürben der Anodenplatten, die wohl die äußere Form beibehalten, aber sich so durchfressen, daß sich feine Kanäle ausbilden, bis zuletzt die Anode den

Zusammenhang verliert und ganze Stücke oft knapp unterhalb der Aufhängevorrichtung, nachdem die Anode den Zusammenhang verloren hat, abreißen. Dieses Zermürben und Schwarzwerden der Anoden kommt von einem unrichtigen Gefüge durch unsachgemäßes Gießen der Anoden. Man kann, wenn man solche schlecht gegossene Nickelaoden unter dem Mikroskop untersucht, feststellen, daß Nickelkristalle in einem Bett von mitgeschmolzenem Magnesium, einem unentbehrlichen Begleiter beim Gießen reinen Nickels, eingebettet sind. Für den Fachmann ist es nun auf der Hand liegend, daß sich Magnesium leichter löst als Nickel, deshalb entstehen die feinen Kanäle infolge Herauslösens des leicht löslichen Magnesiums, bis schließlich der einzelne Nickelkristall von der Unterlage vollkommen losgelöst ist und sich nur noch in dem gleichzeitig entstandenen schwarzen Nickelsuperoxydschlamm halten kann. In diesen so gebildeten feinen Kanälen kann sich aber die Oxydstufe des Nickels leicht bilden, weil dort gewiß die Lösung durch den anodischen Lösungsvorgang beim Auflösen des leicht löslichen Magnesiums neutral, ja sogar alkalisch werden muß und bei ruhigem Verweilen solch neutraler Lösung in den engen Kanälen des Anodenmaterials sind eben dann die Bedingungen für die Oxydbildung gegeben.

Durch Zugabe von Chloriden zu Sulfatbädern kann man bei solchen schlechteren Gußanoden eine geringe Besserung des Verhaltens herbeiführen, indem man dadurch die Bildung des schwarzen Oxydschlammes verringert, aber den rascheren Verbrauch der Anoden durch Ablösen großer Mengen von Nickelkristallen, die nutzlos auf den Boden der Gefäße fallen, kann man dadurch doch nicht verhindern. Daher empfiehlt Verfasser, um ein ökonomisches Arbeiten durch sparsamsten Nickelverbrauch, der wirklich nur dem verbrauchten Nickel an den Waren entspricht, zu ermöglichen, immer nur die besten, sachgemäß gegossenen Nickelanoden anzuwenden, sie kommen im Betrieb um wesentliches billiger als billiger erscheinende schlechte Guß-Nickelanoden.

Bei Anschaffung der Anoden ist darauf zu achten, daß sie nicht zu hart seien, weil solche begreiflicherweise dem elektrolytischen Lösungsprozeß mehr Widerstand entgegensetzen, also auch weniger leicht Nickel dem Bade zuführen als weiche.“ — —

Ob man nun im besonderen Falle gegossene oder gewalzte Anoden verwendet oder beide Arten nebeneinander — jedenfalls soll das Metall mindestens 98% Nickel enthalten und bloß ganz geringe Mengen von Kupfer, Zink, Mangan, Eisen, Aluminium und Magnesium, sowie Spuren anderer Stoffe, auf die wir hier nicht einzugehen brauchen. Die chemisch-analytische Untersuchung darf sich für uns auf die Ermittlung des Kupfers beschränken, von dem nicht mehr als 0.2% vorhanden sein sollen, ferner des Eisens, des Aluminiums und des Mangans, endlich auf die Bestimmung des Nickels. Bei einer solchen Untersuchung muß man aber vor allem mit einer angemessenen Mittelprobe des Gutes arbeiten. Zu deren Gewinnung wählt man einen angemessenen Teil der angelieferten Platten aus und entnimmt von jeder mit der Bohrmaschine — ja nicht mit der Feile — Späne, die man zunächst auf einem Papierblatte sammelt. Sodann wäscht man sie mit reinem Alkohol und hierauf mit Äther ab, läßt sie trocknen, wägt schließlich rund 25 g auf 0.01 g genau aus und löst diese Mittelprobe in einer genügend geräumigen Porzellanschale mit aufgelegtem Uhrglase auf dem Wasserbade in konzentrierter Salzsäure. Das Uhrglas wird abgespritzt, der Inhalt der Schale nach Zusatz von 5 Tropfen 40% Wasserstoffsuperoxyd zur Trockne eingedampft, dann mit Wasser und etwa 10 cm³ konzentrierter Salzsäure wieder aufgenommen und schließlich durch ein 7 cm Weißband-Filter von Schleicher & Schüll in einen 500 cm³ Meßkolben filtriert, so daß 200 cm³ dieser Lösung nach dem Auffüllen des Kolbens bis zur Marke und gutem Durchschütteln etwa 10 g Metall enthalten. Man entnimmt solche 200 cm³ mit einem reinen, trockenen Meßkolben, leert seinen Inhalt unter sorgfältigem Nachspülen mit Wasser in einen 350 cm³ Erlenmeyer, setzt noch 5 cm³ Salzsäure zu und leitet flott Schwefelwasserstoff ein, bis die anfänglich braune Trübung sich zu Flocken geballt hat. Dann läßt man absitzen, so daß man fast die ganze über dem Bodensatze stehende Flüssigkeit abgießen kann und nur einen geringen Rest durch ein vorher mit Schwefelwasserstoff-Wasser angefeuchtetes 5½ cm Weißband-Filter von Schleicher & Schüll laufen zu lassen braucht. Auf ihm wäscht man den Niederschlag sorgfältig mit Schwefelwasserstoff-Wasser, verascht das nasse Filter in einem Meißener oder Berliner Tiegel von etwa 4 cm oberer Weite und 2.5 cm Höhe, nimmt den schwarzen Rückstand mit 2 cm³ konzentrierter Salpetersäure unter Erwärmen des Tiegels auf dem Wasserbade auf, spült in ein 50 cm³ Bechergläschen und filtriert dessen Inhalt unter Nachspülen mit heißem Wasser durch ein kleines Filterchen in das Gefäß des Elektrolysierapparates zur Abscheidung des Kupfers nach S. 18. In diesem Gefäße sollen sich höchstens etwa 50 cm³ Flüssigkeit ansammeln.

Weitere mit der Pipette entnommene 100 cm³ Nickellösung bringt man in ein 200 cm³ Becherglas, setzt einen kleinen Löffel Chlorammonium zu, sodann Ammoniak, bis die Flüssigkeit stark danach riecht, ferner 3 bis 4 Tropfen 40% Wasserstoffsuperoxyd, erwärmt auf dem Drahtnetze auf 60 bis 70° und filtriert schließlich wiederum durch ein 5½ cm Weißband-Filter. Nach dessen Auswaschen löst man den aus den Oxyden des Eisens, des Aluminiums und des Mangans bestehenden Niederschlag durch

Auftropfen von etwa 10 cm³ einer Mischung von gleichen Raumteilen konzentrierter Salzsäure und Wasser in ein unter den Trichter gestelltes 75 cm³ Becherglas, wäscht mit dem Aufwande von höchstens 20 cm³ heißen Wassers nach, fällt nach Zugabe von 2 Tropfen Wasserstoffsuperoxyd neuerlich mit Ammoniak unter Erwärmen auf 60 bis 70°, gießt durch das bereits für die erste Fällung benutzte Filter, wäscht es aus, verascht es naß in einem gewogenen Porzellantiegel von ungefähr 3.5 cm Höhe und 4 cm Öffnung und ermittelt nach dem Erkalten vorerst das Gewicht von $Fe_2O_3+Al_2O_3+Mn_3O_4$.

Zur Bestimmung des Eisens schließt man dann die Oxyde durch Schmelzen mit einem Löffelchen Kaliumbisulfat auf, wobei man insbesondere im Anfange wegen der Gefahr des Verspritzens von Schmelzgut beim Anfächeln des Tiegels mit der kleinen Flamme recht vorsichtig sein muß! Fließt die gelb bis rötlichbraun gewordene Masse glatt, so läßt man erkalten, löst das Schmelzgut, indem man in den Tiegel 20 cm³ einer Mischung gleicher Raumteile konzentrierter Salzsäure und Wasser gießt und durch Anfächeln mit der kleinen Flamme vorsichtig erwärmt, worauf man längs des Glasstabes in ein 75 cm³ Becherglas abgießt, den Tiegel mit 15 bis 20 cm³ Wasser nachspült — und nunmehr kann man zur titriemetrischen Bestimmung des Eisens nach Zimmermann-Reinhard[1]) schreiten. Dazu füllt man in eine tadellose Porzellanschale 0.5 l destillierten Wassers, setzt je 10 cm³ der unten angegebenen Lösungen I und II zu und stellt die Schale unter den Hahn einer mit einer n/50 Permanganatlösung beschickten Bürette, aus der man behutsam, unter stetem Arbeiten mit einem in der Schale verbleibenden Glasstabe, so lange von dieser Lösung zutropft, bis die Flüssigkeit in der Schale eben einen ganz zart rosaroten, nicht mehr verschwindenden Ton behält. Inzwischen hat man das Bechergläschen mit der salzsauren Lösung der Metalloxyde auf dem Drahtnetze bereits mit einer ganz kleinen Flamme auf 40 bis 50° erwärmt und das in ihr vorhandene Eisenchlorid — $FeCl_3$ — durch Zugeben kleiner Tropfen des unten angeführten Ansatzes III aus einer 1 cm³ Pipette mit feiner Spitze zu Eisenchlorür — $FeCl_2$ — reduziert. Das Ende der Reaktion erkennt man daran, daß die vorher zart gelb gefärbte Flüssigkeit im Bechergläschen blank farblos geworden ist und nun kippt man seinen Inhalt rasch in die Schale, spült es mit destilliertem Wasser nach und titriert mit der Permanganatlösung aus bis zum neuerlichen Auftreten eines verbleibenden rosaroten Tones. Bei einiger Aufmerksamkeit wird man bemerken, daß in der Schale eine leichte Trübung von sehr feinen, seidenglänzenden Nädelchen von Quecksilberchlorür, Kalomel,

---

[1]) Vergl. Stahl und Eisen 1884, S. 709, Chem. Ztg. 13, S. 323.

Hg_2Cl_2, entstanden ist und zwar unter dem Einflusse des bei der Reaktion nicht verbrauchten Zinnchlorüres aus dem — eben zur Beseitigung dieses nutzlosen Überschusses — vorhandenen Quecksilberchlorid, $HgCl_2$; hat man unvorsichtig gearbeitet und bei der Reduktion unnötig viel Zinnchlorür verwendet, so mag es vorkommen, daß statt der eben erwähnten Nädelchen in der Schale eine graue Trübung auftritt — eine solche Bestimmung ist zu verwerfen.

Da sich die Reaktion nach der Formel:

$$KMnO_4 + 5\,FeCl_2 + 8\,HCl = KCl + 5\,FeCl_3 + MnCl_2 + 4\,H_2O$$

vollzieht, ist zur Überführung von 1 Grammatom, das sind 55.84 g Fe aus der Oxydulverbindung $FeCl_2$ in die Oxydverbindung $FeCl_3$ offenbar $^1/_5$ Grammol $KMnO_4$ nötig, das heißt, 1 l einer $n/_1$ $KMnO_4$-Lösung muß 158.03/5 g, einer $n/_{10}$-Lösung 158.03/50 g und einer $n/_{50}$-Lösung schließlich 158.03/250 g $KMnO_4$ enthalten. 1 l von dieser letzteren zeigt dann 55.84/50 g Fe und 1 cm^3 also 0.001117 g Fe und 0.001597 g Fe_2O_3 an.

Für die Titration nach Zimmermann-Reinhard sind im besonderen noch die folgenden, früher mit I., II. und III. bezeichneten Lösungen nötig:

I.

67 g kristallisiertes Mangansulfat ($MnSO_4 + 4\,H_2O$) lösen in 600 cm^3 Wasser, 138 cm^3 Phosphorsäure der Dichte 1.7 und 130 cm^3 konzentrierte Schwefelsäure zusetzen, auf 1 l auffüllen,

II.

1 l Wasser durch Schütteln mit reinstem Quecksilberchlorid ($HgCl_2$) mit diesem Salz sättigen,

III.

125 g Zinnchlorür ($SnCl_2 + 2\,H_2O$) in 100 cm^3 konzentrierter Salzsäure lösen und mit Wasser auf 1 l auffüllen.

Jetzt wissen wir also das Gesamtgewicht der Oxyde $Fe_2O_3 + Al_2O_3 + Mn_3O_4$ und aus der Anzahl der verbrauchten cm^3 Permanganatlösung weiter auch, wieviel Fe_2O_3 in ihnen enthalten ist. Wenn wir somit nach dem im folgenden geschilderten Verfahren von Procter Smith[1]) noch die Menge des Mn_3O_4 bestimmen, haben wir offenbar alle Unterlagen zur Berechnung des Gehaltes des untersuchten Nickels an Eisen, Mangan und Aluminium gewonnen. Wir entnehmen der Lösung der Mittelprobe im 500 cm^3 Meßkolben mit der Pipette wiederum 100 cm^3, gleich etwa 5 g

[1]) Chem. News. 90 (1904), S. 237.

Nickel, lassen in ein 200 cm³ Becherglas laufen, fällen, wie es soeben beschrieben worden ist, mit Ammoniak, unter Zusatz von etwas Chlorammonium und 3 bis 4 Tropfen Wasserstoffsuperoxyd und gießen schließlich durch ein $5\frac{1}{2}$ cm Weißband-Filter, das wir dann sehr sorgfältig mit heißem Wasser auswaschen. Hierauf lösen wir den Niederschlag auf dem Filter durch Auftropfen einer Mischung von 10 cm³ Salpetersäure der Dichte 1.4 mit 20 cm³ Wasser und 5 Tropfen Wasserstoffsuperoxyd in einen 200 cm³ Meßkolben, spülen sorgfältig mit Wasser nach, füllen den Kolben zur Marke auf, schütteln um und entnehmen seinem Inhalte mit der Pipette zwei Proben von je 10 cm³ — entsprechend ungefähr je 0.25 g Nickel — die wir in zwei 200 cm³ Erlenmeyer laufen lassen. In jeden der beiden Kolben kommen dann noch 1 cm³ Salpetersäure der Dichte 1.4 und 10 cm³ einer $n/_{100}$-Lösung von Silbernitrat, worauf man auf dem Drahtnetze 1′ lang aufkochen läßt, 100 cm³ Wasser, sowie etwa 1 g Ammonpersulfat zusetzt und beide Kolben nebst einem Thermometer in ein flaches Wasserbad einlegt, dessen Temperatur man auf 75 bis 80° hält. Bald bemerkt man ein Rotwerden der Flüssigkeiten in den Kolben und nach ungefähr 10 bis 15′, wenn beim Umschwenken der Kolben keinerlei Aufperlen von Gasblasen mehr zu bemerken ist, ist die Reaktion beendet und überflüssiges Ammonpersulfat zerstört. Man kühlt beide Kolben unter der Wasserleitung ab und titriert das gebildete Permanganat mit einer Lösung von Natriumarsenit aus, die man bereitet, indem man in 1 l Wasser 2.5 g ganz fein gepulvertes Arsentrioxyd — As_2O_3 — und 7.5 g Natriumbikarbonat — $NaHCO_3$ — löst und auf 5 l verdünnt. Ihren Wirkungswert als Reduktionsmittel ermittelt man bei jeder Bestimmung nach Procter Smith aufs neue, indem man nach dem Austitrieren der Inhalte der beiden Kolben bis zur Farblosigkeit dem zuletzt bearbeiteten rasch mit der Pipette 20 cm³ einer $n/_{100}$ Permanganatlösung zusetzt und dann neuerlich mit Arsenitlösung zurücktitriert. Aus dem Verbrauche für die 20 cm³ der $n/_{100}$ Permanganatlösung genau bekannten Mangangehaltes — 1 cm³ entspricht 0.0001525 g Mn_3O_4 und 0.0001099 g Mn — erschließt man also die Stärke der Arsenitlösung. Zu beachten ist noch, daß man bei der soeben erläuterten Titration recht flott arbeiten soll, weil die mit Arsenit entfärbten Lösungen in den Kolben beim Stehen an der Luft bald wieder rot werden.

Es erübrigt also jetzt die Bestimmung des Nickels selbst im untersuchten Metalle, bei der wir folgendermaßen vorgehen:

Wir entnehmen der Lösung der Mittelprobe im 500 cm³ Meßkolben mit der Pipette 50 cm³ — ungefähr gleich 2.5 g Metall — lassen in einen 150 cm³ Erlenmeyer laufen, setzen noch 25 cm³ Wasser, sowie 5 cm³ Salzsäure zu und leiten flott Schwefelwasserstoff ein, bis zum Ausflocken der braunen Trübung von Kupfersulfid. Hierauf filtrieren wir durch ein vorher mit Schwefelwasserstoff-Wasser angefeuchtetes 5½ cm Weißband-Filter, das wir gründlich mit etwa 50 cm^3 solchen Schwefelwasserstoff-Wassers auswaschen, in ein 200 cm^3 Becherglas und erhitzen dessen Inhalt zur Vertreibung des Schwefelwasserstoffes auf dem Drahtnetze bis zum Beginne des Siedens. Die feine Trübung von ausgeschiedenem Schwefel beseitigen wir schließlich durch vorsichtige, tropfenweise Zugabe von Bromsalzsäure[1]) und scheiden jetzt, nach dem Beifügen eines kleinen Löffelchens Chlorammonium und von 2 bis 3 Tropfen Wasserstoffsuperoxyd, in der bekannten Art die Oxyde des Eisens, des Aluminiums und des Manganes mit Ammoniak aus. Sie verbleiben auf einem 5½ cm Weißband-Filter, durch das wir in einen 250 cm^3 Meßkolben gießen — selbstverständlich wird sowohl das Becherglas, als auch das Filter gründlich mit Wasser nachgewaschen. Nachdem der Inhalt des Kolbens Zimmertemperatur angenommen hat und bis zur Marke aufgefüllt worden ist, entnimmt man ihm mit der Bürette zweimal ganz genau je 20 cm^3, entsprechend beiläufig je 0.2 g Metall und zwar läßt man in zwei 500 cm^3 Bechergläser auslaufen, gibt aus einem Meßgefäße in jedes 300 cm^3 Wasser, erhitzt zum Sieden und gießt schließlich 100 cm^3 einer 1% alkoholischen Lösung von Dimethylglyoxim, $(CH_3)_2C_2(NOH)_2$, zu. Nach dem Krystallisieren des prächtigen roten Niederschlages von Nickeldimethylglyoxim, $(CH_3)_2C_2(NO)_2Ni(CH_3)_2C_2(NOH)_2$, filtriert man, ohne weiter zu warten, auf der Pumpe durch zwei inzwischen bei 110 bis 120° getrocknete und gewogene, mit Asbest beschickte Gooch-Tiegel, wäscht mit heißem Wasser nach, trocknet die Tiegel im Schrank 1 h bei der soeben genannten Temperatur, läßt im Exsikkator erkalten, wägt aus, trocknet neuerlich 20′ und wägt nach dem Erkalten wiederum, um festzustellen, ob schon die bleibenden Gewichte erreicht sind. 20.32% von diesen entfallen auf den in den Niederschlägen enthaltenen Nickel.

Nun nur noch einige, vielleicht nicht überflüssige Worte über das Wägen der Gooch-Tiegel und dann möge ein Beispiel die vorstehenden Darlegungen erläutern. Einen im Schranke getrockneten Gooch-Tiegel stellt man zunächst in den Exsikkator und läßt ihn dort in der Nähe der Wage erkalten. Sodann gibt man ihn rasch in ein Wägeglas, das verschlossen bei der Wage gestanden, setzt dessen scharf passenden Stopfen sofort wieder auf und wägt aus. Zum Gebrauch nimmt man den Tiegel aus dem Wägeglase — das also nicht in den Exsikkator kommt — heraus, schließt es gleich wieder und stellt es zurück zur Wage, woselbst es bis zur neuerlichen Aufnahme des Tiegels verbleibt.

---

[1]) Hergestellt durch Schütteln von Brom mit konzentrierter Salzsäure.

Ein Beispiel.

Angeliefert 25 Walzanoden 50×20 cm und davon 5 ausgewählt zur Entnahme von Spänen mit der Bohrmaschine — 25.32 g Späne gelöst zu 500 cm³ Stammlösung.

Gewicht des Cu aus 200 cm³ der Stammlösung 0.0183 g, daher in der ganzen Stammlösung:

$$0.0183 \text{ g} \times 2.5 = 0.04575 \text{ g Cu} \quad 1)$$

$$= \frac{0.04575 \text{ g} \times 100}{25.32 \text{ g}} = 0.18\,\% \text{ Cu} \quad 2)$$

Gewicht der Oxyde $Fe_2O_3 + Mn_3O_4 + Al_2O_3$ aus 100 cm³ der Stammlösung 0.0797 g, daher ergäbe die ganze Stammlösung an Oxyden:

$$0.0797 \text{ g} \times 5 = 0.3985 \text{ g} \quad 3)$$

Verbrauch an $n/_{50}$ $KMnO_4$ für das Fe in den Oxyden aus 100 cm³ Stammlösung 12.2 cm³, daher, da 1 cm³ des $n/_{50}$ $KMnO_4$ = 0.001117 g Fe und 0.001597 g Fe_2O_3, Gehalt des Analysengutes:

$$0.001117 \text{ g} \times 12.2 \times 5 = 0.06814 \text{ g Fe} \quad 4)$$

$$= \frac{0.06814 \text{ g} \times 100}{25.32 \text{ g}} = 0.27\,\% \text{ Fe} \quad 5)$$

und in den 0.3985 g $Fe_2O_3 + Mn_3O_4 + Al_2O_3$ aus der ganzen Stammlösung wären enthalten:

$$0.001597 \text{ g} \times 12.2 \times 5 = 0.09742 \text{ g } Fe_2O_3 \quad 6)$$

Verbrauch an Arsenitlösung für je 5 cm³ (100 cm³/20) Stammlösung bei den beiden Bestimmungen nach Procter Smith:

a) 14.4 cm³
b) 14.0 „

im Mittel: 14.2 cm³

und weiter verbrauchten 20 cm³ $n/_{100}$ $KMnO_4$ von dieser Arsenitlösung 27.2 cm³, daher entspricht 1 cm³ unserer Arsenitlösung, da 1 cm³ $n/_{100}$ $KMnO_4$ = 0.0001099 g Mn und 0.0001525 g Mn_3O_4:

$$\frac{0.0001099 \text{ g} \times 20}{27.2} = 0.0000808 \text{ g Mn}$$

und

$$\frac{0.0001525 \text{ g} \times 20}{27.2} = 0.0001121 \text{ g } Mn_3O_4$$

somit enthält das Analysengut:

$$0.0000808 \times 14.2 \times 100 = 0.11474 \text{ g Mn} \quad 7)$$

$$= \frac{0.11474 \text{ g} \times 100}{25.32 \text{ g}} = 0.45\,\%\ \text{Mn} \qquad 8)$$

und in den 0.3985 g $Fe_2O_3 + Mn_3O_4 + Al_2O_3$ aus der ganzen Stammlösung wären enthalten:

$$0.0001121 \text{ g} \times 14.2 \times 100 = 0.15918 \text{ g } Mn_3O_4 \qquad 9)$$

Wir haben also nunmehr festgestellt, daß 25.32 g Analysengut entsprechen:

laut 3)	0.3985 g	$Al_2O_3 + Fe_2O_3 + Mn_3O_4$	
„ 6)	0.09742 „	Fe_2O_3	
„ 9)	0.15918 „		Mn_3O_4

also 0.1419 g Al_2O_3, das heißt, da 1 Gewichtsteil Al_2O_3 enthält 0.5291 Gewichtsteile Al:

$$0.1419 \text{ g} \times 0.5291 = 0.07508 \text{ g Al} \qquad 10)$$

$$= \frac{0.07508 \text{ g} \times 100}{25.32 \text{ g}} = 0.30\,\%\ \text{Al} \qquad 11)$$

Gewicht der Nickeldimethylglyoxim - Niederschläge aus je 4 cm^3 (50 cm^3/12.5) Stammlösung:

a) 0.9800 g
b) 0.9796 „

im Mittel: 0.9798 g

im Analysengute sind daher an Ni vorhanden, da 1 Gewichtsteil Nickeldimethylglyoxim 0.2032 g Ni entspricht:

$$\frac{0.9798 \text{ g} \times 0.2032 \times 125 \times 100}{25.32 \text{ g}} = 98.29\,\%\ \text{Ni} \qquad 12)$$

so daß also insgesamt nachgewiesen worden sind:

98.29% Ni
0.18 „ Cu
0.27 „ Fe
0.45 „ Mn
0.30 „ Al

99.49%

der Rest auf 100% entfällt — abgesehen von den unvermeidlichen Analysenfehlern — auf geringfügige Mengen anderer Stoffe, die für uns ohne Bedeutung sind[1]).

[1]) Wegen der Bestimmung etwa vorhandenen Zinks vergl. Breisch und Chalupny, Ztschft. f. angew. Chemie, 35, 1922, S. 119.

2. Messing und Rotguß.

Als Anoden für Messingbäder verwendet man in der Regel gegossene Platten aus der bekannten gelben Legierung von ungefähr 81% — 60% Kupfer mit 19% — 40% Zink, als Anoden für „Tombakbäder" solche aus einer bereits rötlichen Kupfer-Zink-Legierung mit mehr als 82% Kupfer. Solche Legierungen enthalten ferner stets geringe Mengen von Blei, Mangan, Eisen und Aluminium, manchmal auch von Zinn, Nickel und Phosphor — jedoch nur als Verunreinigungen — und bei ihrer Analyse dürfen wir uns deshalb meist mit der Feststellung begnügen, wieviel Kupfer und wieviel Zink vorhanden ist. Da aber vom Laboratorium eines galvanotechnischen Betriebes gelegentlich doch die genaue Feststellung der erwähnten Verunreinigungen verlangt werden wird, erläutern wir im folgenden einen Arbeitsgang, der auf die Ermittlung aller der genannten Stoffe Bedacht nimmt.[1])

Es seien also zum Gebrauche fertige Platten des zu untersuchenden Gutes angeliefert worden — wir gewinnen dann zunächst in der gleichen Art eine Mittelprobe, wie dies auf S. 11 beschrieben worden ist, nur begnügen wir uns hier mit einer Einwage von ungefähr 10 g. Wir geben sie in ein im Abzuge stehendes 750 cm^3 Becherglas, gießen rasch 80 cm^3 Salpetersäure der Dichte 1.4 zu und legen sofort das bereit gehaltene Uhrglas auf. Ist das stürmische Aufbrausen vorüber und haben sich die roten Dämpfe im Herde verzogen, so spritzt man das Uhrglas mit 30 cm^3 Wasser ab, stellt das Becherglas auf ein Drahtnetz am Dreifuß und erwärmt mit kleiner Flamme bis zum Beginne des Siedens, so lange, bis über der Flüssigkeit keine gelbbraunen Dämpfe mehr stehen. Schließlich fügt man 450 cm^3 recht heißen Wassers zu und filtriert durch ein 7 cm Blauband-Filter in einen 1000 cm^3 Meßkolben, wobei man Becherglas und Filter sorgfältig mit heißem Wasser nachspült. Nach dem Erkalten seines Inhaltes füllt man den Meßkolben auf, schüttelt um und entnimmt mit der Pipette 80 cm^3, entsprechend etwa 0.8 g Metall. Man läßt sie in das Gefäß des inzwischen mit gewogenen Elektroden bereit gemachten Elektrolysierapparates laufen — seine Einrichtung erläutert uns Fig. 1 — und arbeitet mit einem Strome von etwa 0.5 Amper Stärke, so daß nach längstens 4 h bei kräftiger Gasentwicklung in der bald warm werdenden Flüssigkeit sicher alles Kupfer als Metall an der Netzkathode und alles Blei als Bleisuperoxyd an der Spiralelektrode gefällt ist.[2]) Jeden-

[1]) Vergl. Treadwell, Analytische Chemie, II., Analyse der Bronzen.

[2]) Selbstverständlich mag man auch einen der schönen Apparate für „Schnellelektrolyse" mit rotierenden Elektroden benutzen, wegen welcher Apparate auf die am Schlusse des Buches angeführten Werke über Elektroanalyse verwiesen sei — zum Ziele kommt man aber auch mit unseren einfachen Behelfen.

falls prüfen wir aber doch, ob wir mit der Elektrolyse aufhören dürfen, indem wir, die Uhrgläserhälften abspritzend, etwa 10—15 cm³ Wasser zufügen und beobachten, ob sich über dem oberen Rande des Kupfers auf

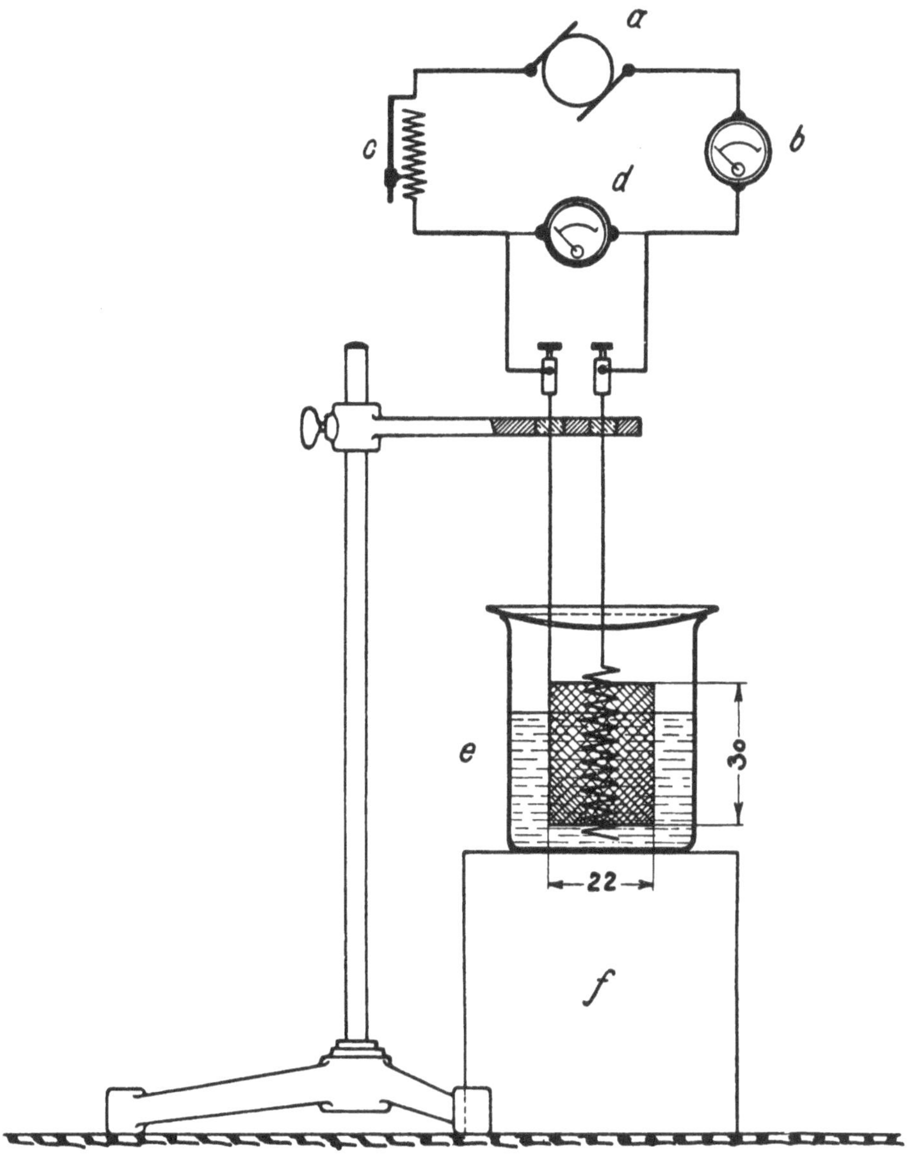

Fig. 1.

a) Stromquelle
b) Amperemeter
c) Regulierwiderstand
d) Voltmeter
e) Becherglas, bedeckt mit 2 Uhrglashälften
f) Unterlage

dem Platinnetze noch ein neuer Belag bildet. Ist dies nicht mehr der Fall, dann geht man folgendermaßen vor: Man bereitet in einem ganz gleichen Becherglase, wie dem bei der Elektrolyse benützten, eine Mischung von 98 cm³ Wasser mit 2 cm³ Schwefelsäure, faßt das Elektrolysiergefäß mit der linken Hand, entfernt mit der rechten seine Unterlage, ergreift dann das Gläschen mit der verdünnten Schwefelsäure, zieht mit einer raschen Bewegung der linken Hand das Elektrolysiergefäß nach unten ab, führt ebenso rasch das andere — nennen wir es No. 2 — an seine Stelle und unterlegt es. Bei einiger Übung kann kein Tropfen verloren gehen und man mag ohne Sorge annehmen, daß auch keine nennenswerten Mengen von Kupfer an der Kathode gelöst worden sind. Trotzdem läßt man die Elektrolyse noch etwa 30′ weitergehen und wiederholt die soeben erläuterten Handgriffe mit einem Gläschen mit reinem Wasser — No. 3 — dann hebt man die Elektroden aus, klemmt sie ab, taucht sie in Wasser und hierauf in Alkohol, den man nach Gebrauch sparsam wieder in das Vorratsgefäß zurückgießt, trocknet sie im Schranke bei etwa 110°, läßt sie in der Nähe der Wage — nicht im Exsikkator — erkalten und wägt sie aus. 1 g Bleisuperoxyd, PbO_2, enthält 0.8662 g Pb.

Inzwischen vereinigt man schon die Inhalte der 3 Bechergläser No. 1, 2 und 3 in einem 400 cm³ fassenden, wobei man die nahezu reine Flüssigkeit des Glases No. 3 zum Spülen von No. 1 und 2 verwendet, stellt das 400 cm³ Glas auf ein Drahtnetz und dampft bis auf etwa 100 cm³ ein. Dann fällt man mit 2—3 Tropfen Wasserstoffsuperoxyd und Ammoniak die Oxyde des Eisens, des Aluminiums und des Mangans aus, filtriert sie auf einem 5½ cm Weißband-Filter ab und spült dieses, sowie das Becherglas mit etwa 20 cm³ heißen Wassers nach, so daß sich in einem unter dem Filtriertrichter stehenden 300 cm³ Glase zunächst einmal etwa 120 cm³ Flüssigkeit ansammeln. Hierauf löst man die Oxyde auf dem Filter durch Aufträufeln von 10 cm³ einer Mischung von gleichen Raumteilen Salpetersäure und Wasser, die 2 Tropfen Wasserstoffsuperoxyd enthält, in ein 75 cm³ Becherchen wieder auf, wäscht mit dem Aufwande von höchstens 20 cm³ heißen Wassers nach, schlägt die Oxyde zum zweiten Male unter Erwärmen auf 60—70° mit Ammoniak nieder, filtriert durch das bereits benützte Filter in das 300 cm³ Becherglas, welches schon das Filtrat von der ersten Fällung der Oxyde enthält, und wäscht schließlich das Filter neuerdings mit rund 20—25 cm³ heißen Wassers nach, so daß das eben erwähnte Becherglas nunmehr ungefähr 175 cm³ Flüssigkeit enthält. In ihr harren jetzt nur noch Zink und allenfalls Nickel der Bestimmung, da wir ja Mangan, Eisen und Aluminium als Oxyde, die dank der zweimaligen Fällung sicherlich genügend rein waren, entfernt haben.

Wir fügen also der inzwischen auf dem Drahtnetze nahezu bis zum Sieden erwärmten Flüssigkeit 30 cm^3 einer 1% alkoholischen Lösung von Dimethylglyoxim zu und erfassen einen allenfalls auftretenden Niederschlag in der bereits bekannten Art laut S. 15 mit dem Gooch-Tiegel. Das Filtrat samt den Waschwässern von der Gooch-Filtration, zusammen höchstens 250 cm^3, dampfen wir in einem 300 cm^3 Becherglas bis auf etwa 120 cm^3 ein, setzen ihm dann rund 4 g Ammoniumphosphat, sowie ein

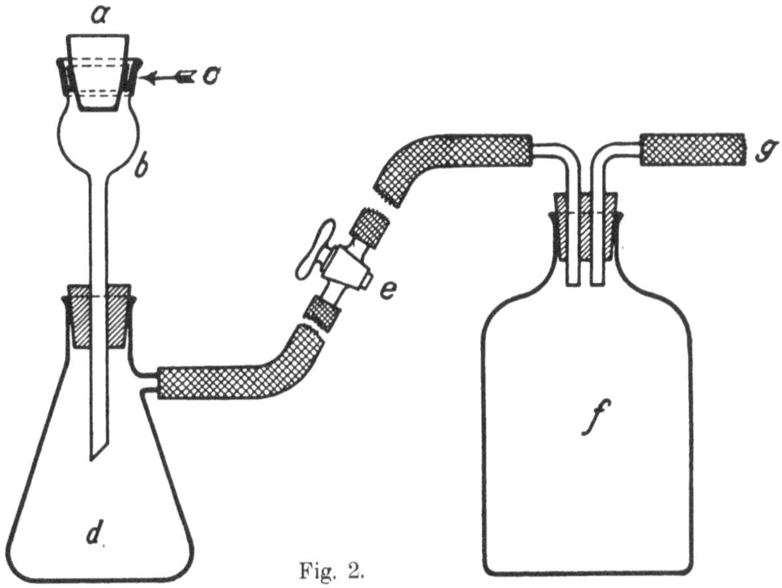

Fig. 2.

a) Gooch-Tiegel
b) Glastulpe
c) Kautschukmuffe
d) Saugflasche
e) Glashahn
f) Schutzflasche
g) Anschluß zur Wasserstrahl-Pumpe

Löffelchen Ammoniumsulfat zu und neutralisieren die alkalische Flüssigkeit durch langsame Beigabe einer Mischung von 2 Raumteilen Wasser mit 1 Raumteil Schwefelsäure, bis Merksches Lackmuspapier eben eine ganz schwach saure Reaktion anzeigt. Wir erhitzen weiter, damit sich der zuerst als amorphe weiße Trübung ausgefallene Niederschlag von Ammoniumzinkphosphat, $Zn(NH_4)_2PO_4$, in ein feines, nadeliges, am Boden des Gefäßes liegendes Krystallisat umwandelt, stellen das Becherglas 15 bis 20′ beiseite, um seinen Inhalt etwas abkühlen zu lassen, filtrieren auf der Pumpe durch einen mit Asbest beschickten, nach dem Glühen im elektrischen Ofen gewogenen Gooch-Tiegel und saugen scharf ab. Dann schalten wir die Wirkung der Pumpe für einen Augenblick aus,[1]) füllen

[1]) Indem wir den dem Filter zunächst gelegenen Hahn der Druckflasche schließen. Vergl. Fig. 2.

den Tiegel mit heißem Wasser, saugen wieder scharf ab und wiederholen dieses Spiel noch einmal mit heißem, sowie zweimal mit kaltem Wasser, worauf man den Tiegel abnimmt, noch feucht in den kalten elektrischen Ofen stellt und diesen anfahren läßt. Ist helle Rotglut erreicht, so ist auch alles Zinkammoniumphosphat, $Zn(NH_4)_2PO_4$, in Zinkpyrophosphat, $Zn_2P_2O_7$, übergeführt und man kann nach dem Erkalten des Tiegels im Exsikkator, in der auf S. 15 beschriebenen Art vorgehend, auswägen. 1 g $Zn_2P_2O_7$ enthält 0.4289 g Zn.

Überblicken wir jetzt einmal die bisherigen Darlegungen, so sehen wir, daß wir das Zink als Pyrophosphat und nebenbei das Nickel — wenn überhaupt vorhanden — als Nickeldimethylglyoxim sichergestellt haben. Das Kupfer haben wir als Metall auf der Netzkathode des Elektrolysierapparates gewogen und — wiederum nebenbei — auch gleich das Blei als Bleisuperoxyd an der Spiralanode, so daß wir damit die Analyse für gewöhnlich abschließen können. Wollen wir aber doch auch das Eisen, das Aluminium und das Mangan erfassen, sowie in einem besonderen Falle etwa aufscheinende größere Mengen von Zinn, dann richten wir uns nach den folgenden Darlegungen.

Der bei Anwesenheit von Zinn beim Lösen der Mittelprobe von rund 10 g laut S. 18 auf dem Filter vor dem 1000 cm^3 Meßkolben verbleibende gelblichweiße Niederschlag enthält allerdings alles Zinn als „Zinnsäure", dabei aber stets auch etwas Kupfer, sowie den ganzen in der Legierung etwa vorhanden gewesenen Phosphor als phosphorsaure Verbindungen. Man hebt also das nasse Filter recht vorsichtig aus dem Trichter und überträgt es, ohne es zu falten, in einen gewogenen Porzellantiegel von 3.5 cm Höhe und 4 cm oberer Weite, so daß es in ihm — Spitze nach oben, nach unten geöffnet — steht und trocknet es mit einer unter den Tiegel gestellten kleinen Flamme. Hierauf beträufelt man es behutsam mit rauchender Salpetersäure, wobei es rasch verglimmt, vertreibt etwa im Tiegel angesammelte geringe Mengen von Säure mit der wegen der Gefahr des Verspritzens von Niederschlagteilchen sehr bedächtig geführten Fächelflamme und glüht schließlich etwa 5′ lang scharf, worauf man das unreine SnO_2 auswägt. Dann gibt man ungefähr das Achtfache des ermittelten Gewichtes einer Mischung von 2 Teilen kalzinierter Soda mit 1 Teil gepulverten Schwefels in den Tiegel, legt einen etwas übergreifenden Deckel auf und erwärmt — zunächst mit einer ganz kleinen, etwa 5 cm vom Tiegelboden entfernten Flamme, die man aber dann im Verlaufe von 20′ allmählich vergrößert und hebt, so daß ihre Spitze schließlich den Tiegelboden beleckt. Nach weiteren 5′ läßt man erkalten, nimmt den Deckel ab, füllt in den Tiegel 20 cm^3 Wasser und fächelt ihn mit einer kleinen Flamme an. Nach kurzer Zeit hat sich die Schmelze gelöst, so daß man in ein 75 cm^3 Becherchen abkippen und mit höchstens 20 cm^3 heißen Wassers nachspülen kann, worauf man das Gläschen mit einer Uhrschale zudeckt und beiseite stellt. Hat sich die fast nur aus Kupfersulfid bestehende Trübung ganz und gar zu Boden gesetzt, so gießt man soviel als nur irgend möglich von der überstehenden klaren Flüssigkeit weg, läßt den geringen Rest samt dem Niederschlage auf ein ganz kleines Weißband-Filter laufen und spült Gefäß sowie Filter mit ein wenig reinen und hierauf mit ein wenig Schwefelwasserstoff-Wassers nach. Wenn man geschickt arbeitet, hat man es kaum zu gewärtigen, daß Teile des Niederschlages von Kupfersulfid — CuS — kolloidal durch das Filter gehen und man kann nach dem soeben beschriebenen Auswaschen — noch naß — in einem gewogenen kleinen Porzellantiegel veraschen und den verbleibenden geringen Rückstand nach 5′ langem scharfen Glühen, eben wegen seiner geringen Menge, als Kupferoxyd — CuO — auswägen. Das gefundene Gewicht zieht man von dem schon ermittelten des unreinen SnO_2 ab — der verbleibende Rest ist dann laut unserer früheren Erläuterung $SnO_2 + P_2O_5$ — und es handelt sich jetzt offenbar nur mehr darum, auch die Menge des Phosphors zu bestimmen, um den in der Legierung vorhandenen Anteil an Zinn errechnen zu können. Anderseits bedenken wir, daß in 1 g CuO enthalten sind 0.7989 g Kupfer und schlagen also jene Menge Kupfer, die sich aus dem Gewichte des soeben gefundenen Kupferoxydes ergibt, zu dem laut S. 18 elektrolytisch bestimmten Kupfergehalte der Legierung zu.

Was an Phosphor vorhanden ist, bestimmen wir dagegen in einer zweiten Mittelprobe von 10 g des Analysengutes, die man genau so auflöst, wie es auf S. 18 beschrieben worden ist. Dann filtriert man ab, verascht das Filter mit der unreinen Zinnsäure in der bereits erläuterten Art und schmilzt den Rückstand nach dem Erkalten mit dem Dreifachen seines Gewichtes an reinem Zyankalium, wobei alles SnO_2 zu Metall reduziert wird. Man löst die Schmelze im Tiegel selbst in 20 cm^3 recht heißen Wassers, kippt in ein 200 cm^3 Bechergläschen ab, spült zweimal mit je 20 cm^3 heißen Wassers nach und filtriert die Zinnflitter auf einem kleinen Filterchen ab, das man wiederum mit 20 cm^3 Wasser wäscht, so daß sich im 200 cm^3 Glase unter dem Trichter insgesamt etwa 80 cm^3 Flüssigkeit ansammeln. Diesen setzt man als Indikator einige Tropfen Methylorange zu, stellt das Glas dann unter den Abzug (Blausäure!), legt eine Schale auf, schiebt unter diese die Spitze einer mit Salpetersäure gefüllten 10 cm^3 Pipette und tropft aus ihr so lange Säure, bis das Methylorange rot gefärbt ist. Dann läßt man noch 10 Tropfen fallen, zieht die Pipette zurück und erwärmt den Inhalt des Becherglases bei aufgelegter Uhrschale mit kleiner Flamme auf 70—80°. Nach etwa 30′ ist alle Blausäure vertrieben — man spült das Uhrglas ab, gießt in das Becherglas 50 cm^3 „Molybdänlösung“, setzt zwei mittelgroße Löffel Ammoniumnitrat zu und stellt beiseite. Nach 2 Stunden, wenn sich der feine gelbe Niederschlag von Ammoniumphosphormolybdat schon so ziemlich abgesetzt hat und die Flüssigkeit nahezu klar über ihm steht, filtriert man durch einen mit Asbest beschickten, nicht gewogenen Gooch-Tiegel auf der Pumpe, wobei man sich zum Waschen des Glases und des Filtertiegels einer 2% Lösung von Kaliumnitrat bedient. Rötet die ablaufende Waschflüssigkeit mit Methylorange versetztes Wasser nicht mehr, so nimmt man den Tiegel ab, überträgt seinen Inhalt samt Asbestpolster und Siebplättchen mit Hilfe eines Glasstabes und der Spritzflasche in das zur Fällung benützte 200 cm^3 Becherglas, gibt einige Tropfen Phenolphtalein-Lösung zu und dann $n/_{10}$ Lauge, die man aus einer Bürette fließen läßt, wobei sich beim Umrühren mit dem Glasstabe der gelbe Niederschlag rasch auflöst.[1]) Den angewendeten Überschuß von Lauge — etwa 10 cm^3 — titriert man mit $n/_{10}$ Säure bis zum Verschwinden der Rotfärbung des Phenolphtaleins zurück; 1 cm^3 einer $n/_{10}$ Lauge zeigt dann 0.000309 g P_2O_5 und 0.000135 g P an, laut der folgenden Gleichung für die Umsetzung des Ammoniumphosphormolybdates:

$$2\,[(NH_4)_3PO_4,\ 12\,MoO_3] + 46\,NaOH = 2\,(NH_4)_2HPO_4 + (NH_4)_2MoO_4$$
$$+ 23\,Na_2MoO_4 + 22\,H_2O$$

das heißt 23 Grammole NaOH entsprechen 1 Grammatom P oder 1 Grammol NaOH entspricht $^1/_{23}$ Grammatom P oder $^1/_{10}$ Grammol NaOH = 1 l einer $n/_{10}$ NaOH-Lösung, weiter $^1/_{230}$ Grammatom P = $^{31.04}/_{230}$ g = 0.13496 g oder rund 0.135 g P, welche Menge wiederum 0.30888 oder rund 0.309 g P_2O_5 entspricht.

Die zur Fällung des Ammoniumphosphormolybdates nötige „Molybdänlösung“ bereitet man sich nach Meineke[1]) wie folgt:

Man löst 86 g reinen Ammoniummolybdates in einem 1.5 l fassenden sogenannten Filtrierstutzen in einer Mischung von 175 cm^3 stärkstem Ammoniak mit 825 cm^3 Wasser und gießt die Lösung dann in eine geräumige Porzellanschale, in der sich wiederum eine Mischung von ½ l Salpetersäure der Dichte 1.4 mit ½ l Wasser befindet. Nach etwa ¾ bis 1 h Erwärmen des Inhaltes der Schale auf dem Wasserbade auf 90° läßt man ihn erkalten und filtriert ihn in eine 2 l Flasche mit Glasstopfen.

Was weiter die Bestimmung des Eisens, des Aluminiums und des Mangans anbelangt, führt man sie mit je 100 — 400 cm^3 der Lösung der

---

1) Blair, Analyse of iron and steel.

2) De Koninck, Lehrbuch der Chemischen Analyse, Berlin bei Mückenberger, 1904, II., S. 537.

Mittelprobe aus dem 1000 cm^3 Meßkolben — also mit Mengen, die rund 1—4 g Metall entsprechen — genau so durch, wie es auf den SS. 11—14 beschrieben worden ist, und nunmehr mögen erst einmal zwei Beispiele unsere Ausführungen erläutern und dann noch einige Schlußbemerkungen Platz finden.

Beispiele.

I.

Angeliefert 30 Messingplatten 25 × 40 cm; nach Putzen mit dem Sandstrahlgebläse, Spülen und Trocknen 6 davon ausgewählt zur Entnahme von Spänen mit der Bohrmaschine — 10.04 g der Späne gelöst laut S. 18, von einer Filtration der salpetersauren Lösung abgesehen, da sie ganz blank war, also ohne weiteres nach Übertragung in den Meßkolben Verdünnung auf 1000 cm^3 Stammlösung.

Gewicht des Cu aus 80 cm^3 Stammlösung . . . . 0.5149 g 1)

daher Gehalt des Gutes an Cu:

$$\frac{0.5149\ g \times 12.5 \times 100}{10.04\ g} = 64.11\ \%\ Cu \qquad 2)$$

Gewicht des PbO_2 aus 80 cm^3 Stammlösung . . . . 0.0028 g 3)

daher, da 1 g PbO_2 entspricht 0.8662 g Pb, Gehalt des Gutes an Pb:

$$\frac{0.0028\ g \times 0.8662 \times 12.5 \times 100}{10.04\ g} = 0.30\ \%\ Pb \qquad 4)$$

Mit Dimethylglyoxim-Lösung keine Fällung.

Gewicht des $Zn_2P_2O_7$ aus 80 cm^3 Stammlösung . . . 0.6564 g 5)

daher, da 1 g $Zn_2P_2O_7$ enthält 0.4289 g Zn, Gehalt des Gutes an Zn:

$$\frac{0.6564\ g \times 0.4289 \times 12.5 \times 100}{10.04\ g} = 35.05\ \%\ Zn \qquad 6)$$

so daß schließlich nachgewiesen sind:

64.11%	Cu
35.05 „	Zn
0.30 „	Pb
99.46%	

Der Rest auf 100% entfällt, abgesehen von den Analysenfehlern, zunächst auf Fe, Al und Mn.

II.

Angeliefert 10 Platten 45 × 25 cm einer Rotguß-Legierung, davon 3 ausgewählt zur Entnahme von Spänen mit der Bohrmaschine wie oben,

10.11 g der Späne gelöst laut S. 18, weißlich trübe Lösung in den 1000 cm^3 Kolben filtriert, blankes Filtrat zur Marke aufgefüllt.

Gewicht des Cu aus 80 cm^3 der Stammlösung . . . 0.6817 g 1)
ferner, da 1 g CuO enthält 0.7989 g Cu,
Gewicht des Cu aus 0.0040 g CuO laut 10):

0.0040 g × 0.7989 = . . . 0.0032 „ 2)

Somit insgesamt nachgewiesen an Kupfer:

(0.6817 g × 12.5) + 0.0032 g = . 8.5245 „ 3)

daher Gehalt des Gutes an Cu:

$$\frac{8.5245 \text{ g} \times 100}{10.11 \text{ g}} = 84.32\,\%\ \text{Cu} \qquad 4)$$

Gewicht des PbO_2 aus 80 cm^3 Stammlösung . . . 0.0058 g 5)
daher Gehalt des Gutes an Pb:

$$\frac{0.0058 \text{ g} \times 0.8662 \times 12.5 \times 100}{10.11 \text{ g}} = 0.62\,\%\ \text{Pb} \qquad 6)$$

Gewicht des Dimethylglyoxim-Niederschlages aus 80 cm^3 der Stammlösung . . . . 0.0104 g
somit, da 1 g Niederschlag 0.2032 g Ni enthält, Gehalt des Gutes an diesem:

$$\frac{0.0104 \text{ g} \times 0.2032 \times 12.5 \times 100}{10.11 \text{ g}} = 0.26\,\%\ \text{Ni} \qquad 7)$$

Gewicht des $Zn_2P_2O_7$ aus 80 cm^3 der Stammlösung . . 0.2137 g 8)
somit vorhanden:

$$\frac{0.2137 \text{ g} \times 0.4289 \times 12.5 \times 100}{10.11 \text{ g}} = 11.33\,\%\ \text{Zn}$$

Gewicht des $SnO_2 + CuO + P_2O_5$, bei der Lösung von 10.11 g Spänen laut S. 18 abfiltriert usw. . . 0.4144 g 9)
Gewicht des hieraus abgeschiedenen CuO . . . . 0.0040 „ 10)

Zur Bestimmung des P_2O_5 gelöst weitere 10.23 g Späne, $SnO_2 + CuO + P_2O_5$ aus ihnen mit KCN geschmolzen usw. laut S. 23, Molybdatniederschlag

gelöst in	50.0 cm^3 $n/_5$ Lauge
zurücktitriert mit . . .	8.4 „ „ Säure

also verbraucht . . . 41.6 cm^3 Lauge zur Umsetzung des Niederschlages laut S. 24, und da 1 cm^3 $n/_5$ Lauge 2 × 0.000309 g P_2O_5 anzeigt, enthält das aus der zweiten Einwage von 10.23 g gewonnene unreine SnO_2:

0.000309 g P_2O_5 × 2 × 41.6 = 0.0257 g P_2O_5 11)

also der aus der ersten Einwage von 10.11 g abgeschiedene Niederschlag offenbar:

$$0.0257 \text{ g } P_2O_5 \times \frac{10.11}{10.23} = 0.0254 \text{ g } P_2O_5 \qquad 12)$$

so daß er also folgendermaßen zusammengesetzt ist:

laut 9) Gesamtgewicht $SnO_2 + CuO + P_2O_5$ . . .		0.4144 g	
„ 10)	0.0040 g CuO		
„ 12)	0.0254 „ P_2O_5	0.0294 „	
Somit an SnO_2 vorhanden		0.3850 g	13)

und da 1 g SnO_2 enthält 0.7877 g Sn, entspricht dies einem Gehalte des Gutes an Sn von:

$$\frac{0.3850 \text{ g} \times 0.7877 \times 100}{10.11 \text{ g}} = 3.00\,\% \text{ Sn} \qquad 14)$$

Gewicht der Oxyde $Fe_2O_3 + Al_2O_3 + Mn_3O_4$ aus 200 cm³ der Stammlösung . . . . 0.0059 g 15)

Verbrauch an $n/_{50}$ $KMnO_4$ für das Fe in diesen Oxyden 3.3 cm³, daher, da 1 cm³ des $n/_{50}$ $KMnO_4 = 0.001117$ g Fe, Gehalt des Analysengutes an Fe:

$$\frac{0.001117 \text{ g} \times 3.3 \times 5 \times 100}{10.11 \text{ g}} = 0.18\,\% \text{ Fe} \qquad 16)$$

Von weiteren Bestimmungen ist mit Rücksicht auf die geringfügigen Mengen des vorhandenen Al und Mn abgesehen worden und da den in 11) aufgewiesenen 0.0257 g P_2O_5, das heißt den 41.6 cm³ unserer $n/_5$ Lauge entsprechen:

$$\frac{0.000135 \text{ g P} \times 2 \times 41.6}{10.23 \text{ g}} = 0.11\,\% \text{ P} \qquad 17)$$

sind also schließlich nachgewiesen:

84.32%	Cu
0.62 „	Pb
0.26 „	Ni
11.33 „	Zn
3.00 „	Sn
0.18 „	Fe
0.11 „	P
99.82%	

Der Rest auf 100% entfällt, abgesehen von Analysenfehlern, auf Al, Mn und Spuren O.

Nun noch einige Worte über gewisse Schwierigkeiten, die sich bei der Arbeit nach den im Vorstehenden dargelegten Anweisungen einstellen können.

Manchmal geht nämlich die elektrolytische Abscheidung des Kupfers keineswegs glatt vor sich — es fällt zwar im Anfange schön rosenrot auf der Netzelektrode an, bald aber färbt es sich dunkelbraun bis schwarz, wird rauh und kleine Teile des Niederschlages lösen sich ab. Die Ursache dieser recht unliebsamen Erscheinungen möge dahingestellt bleiben — gewöhnlich treten sie ein, wenn die Legierung nennenswerte Mengen Nickel oder Eisen enthält und jedenfalls bleibt dann nichts übrig, als einen anderen Weg zu gehen als den beschriebenen und zwar den folgenden:

Man dampft die mit der Pipette entnommenen 80 cm³ Stammlösung nach Zusatz von 3 cm³ Schwefelsäure in einer blau glasierten Schale auf dem Wasserbade zur Trockne und erhitzt die Schale dann weiter auf dem Sandbade, bis die schweren weißen Nebel von Schwefelsäureanhydrid, SO_3, zu entweichen beginnen. Dann läßt man sie erkalten, nimmt den Rückstand mit 100 cm³ Wasser auf und filtriert nach 2 h durch ein 5½ cm Blauband-Filter in einen 200 cm³ Erlenmeyer; zum Waschen des Filters sowie zum Spülen der Schale dienen 50 cm³ Wasser, dem man 1 bis 2 Tropfen Schwefelsäure zusetzt. Auf dem Filter verbleibt Bleisulfat, $PbSO_4$, im Filtrate befinden sich Kupfer, Nickel, Eisen, Aluminium, Mangan und Zink. Das Filter mit dem Bleisulfate trocknet man in einem Porzellantiegel von 2.5 cm Höhe und 4 cm oberem Durchmesser über der kleinen Flamme, beträufelt das Filter dann vorsichtig mit rauchender Salpetersäure, so daß es verglimmt, worauf man noch 2 Tropfen Schwefelsäure auf die Rückstände im Tiegel fallen läßt, die Säuren mit der Fächelflamme vertreibt, schließlich gelinde glüht und das $PbSO_4$ auswägt. In den 200 cm³ Kolben mit dem Filtrate aber leitet man flott Schwefelwasserstoff ein, bis sich der Niederschlag vom Kupfersulfid, CuS, zu schwarzen Flocken geballt hat, dann filtriert man durch ein 9 cm Weißband-Filter in ein 400 cm³ Becherglas ab und wäscht Filter, sowie den Erlenmeyer mit etwa 100 cm³ frischen Schwefelwasserstoff-Wassers.

Das Filtrat im Becherglase dampft man auf etwa 100 cm³ ein und zwar setzt man ihm, wenn es schon nicht mehr nach Schwefelwasserstoff riecht, zur Klärung vom ausgeschiedenen Schwefel Bromsalzsäure zu, bis es eben blank ist, entfernt dann in der uns bereits bekannten Art, nämlich durch Fällung mit Ammoniak und Wasserstoffsuperoxyd, Eisen, Aluminium und Mangan und erfaßt weiterhin mit Dimethylglyoxim das Nickel und mit Ammoniumphosphat das Zink. Das Filter mit dem Kupfersulfid dagegen überträgt man recht vorsichtig aus seinem Trichter in einen Tiegel von 3.5 cm Höhe und 5.5 cm oberer Weite, trocknet den Inhalt des Tiegels zunächst über der kleinen Flamme und verascht schließlich das Papier. Nach dem Erkalten des Tiegels gibt man zu den Rückständen in ihm 5 cm³ Salpetersäure 1.4 und erwärmt ihn hierauf wiederum recht vorsichtig mit der Fächelflamme, bis das Kupfersulfid zersetzt und unter Ausscheidung von Schwefel in Kupfernitrat übergegangen ist. Nun setzt man 10 cm³ Wasser zu und kippt den Inhalt des Tiegels in ein 100 cm³ Bechergläschen ab, spült Tiegel und Glasstäbchen mit etwa 20 cm³ Wasser nach und filtriert schließlich zur Entfernung des Schwefels den Inhalt des Bechergläschens durch ein ganz kleines Filter in das Bechergläschen des inzwischen mit gewogenen Elektroden bereit gemachten Elektrolysierapparates, in dem sich höchstens etwa 80 cm³ Flüssigkeit ansammeln sollen. Aus ihr scheidet man, in der auf S. 18 erläuterten Art vorgehend, an der Netzkathode das Kupfer ab, das jetzt gewiß einwandfrei anfällt und an der Spiralanode die in der Lösung stets noch vorhandenen Spuren von Blei als Bleisuperoxyd, PbO_2.

Die nunmehr in allen Belangen ausführlich beschriebene Arbeitsweise zur Untersuchung von Messing und Tombak eignet sich aber nicht nur für diese Legierungen, sondern auch für die eigentlichen Bronzen mit höherem Zinngehalte, sowie für die bei uns unter den Namen „Pakfong" und „Alpakka" bekannten Nickel-Kupfer-Zink-Legierungen. Es wird dem denkenden Analytiker gewiß nicht schwer fallen, sich die im besonderen Falle nötigen Abweichungen vom erläuterten Gange zurechtzulegen, wenn er ihn wirklich aufmerksam gelesen und auch das im folgenden über die Untersuchung des Zinnes Gesagte.

3. Zinn.

Deckt man seinen Bedarf an Metallen bei einer Firma von Ruf, so wird die Untersuchung eingekauften Zinnes wohl nur ganz ausnahmsweise nötig sein — immerhin wollen wir beschreiben, wie man in einem solchen Falle vorzugehen hat.

Vor allem handelt es sich auch hier wieder darum, eine entsprechende Mittelprobe zu gewinnen. Wir wählen also von den Folien, den „straits" oder den Blöcken zunächst eine der gelieferten Menge angemessene Zahl aus. Dann schneiden wir von jeder dieser Folien einen schmalen Streifen ab oder schlagen mit einem Meißel aus der Mitte der „straits", wenn es sich um solche handelt, ein kleines Stück heraus, während wir von Blöcken wiederum laut S. 11 Späne entnehmen, hierbei mit dem Spiralbohrer bis in ihre Mitte einstechend. Weiter schmelzen wir das ganze so gewonnene Material in einer reinen Quarzschale zusammen, rühren, während es erstarrt, mit einem Quarzstäbchen um — und wenn wir aus dem solchermaßen hergestellten Regulus schließlich neuerdings mit dem Spiralbohrer Späne herausdrehen, dürfen wir diese füglich als zuverlässige Mittelprobe der zu untersuchenden Ware betrachten.

Wir wägen rund 1 g dieser Späne genau ab, geben sie in einen Tiegel von 5 cm Höhe und 4 cm oberer Weite, vermengen sie mit 6 g einer Mischung von 2 Teilen kalzinierter Soda mit 1 Teil gepulverten Schwefels, überschichten mit weiteren 3 g dieser Mischung, legen auf den Tiegel einen übergreifenden Deckel und setzen ihn in das Tondreieck auf einen Dreifuß. Dann stellen wir unter ihn einen Brenner, dessen zunächst ganz kleine Flamme etwa 5 cm vom Tiegelboden entfernt ist und vergrößern sie im Verlaufe einer Stunde allmählich, so daß sie schließlich die Tiegelspitze zum schwachen Glühen bringt. Wir lassen erkalten und heben den Deckel ab — er soll bei richtiger Leitung des Vorganges auf seiner Unterseite nur mit einer klar gelben oder leicht bräunlichen Haut angeschmolzenen Schwefels bedeckt, aber nicht von Tropfen der Reaktionsmasse bespritzt sein. Manchmal kommt es übrigens auch vor, daß der Deckel durch den angeschmolzenen Schwefel am Tiegel festgeklebt ist — ein leichtes Anfächeln seiner Oberseite mit der Flamme genügt dann stets zu seiner Lösung.

Nun gießt man 20 cm³ heißen Wassers in den Tiegel und stellt ihn aufs Wasserbad, wo sich der Kuchen bald loslöst, so daß man ihn in ein 200 cm³ Becherglas abkippen kann, den letzten Tropfen der abrinnenden Flüssigkeit vor dem Wiederaufrichten des Tiegels mit einem kleinen Glasstabe aufnehmend. Ein dreimaliges Nachwaschen des Tiegels mit je 20 cm³ heißen Wassers muß zu seiner vollständigen Reinigung genügen, so daß sich im Becherglase, einschließlich der zum Spülen des Glasstäbchens gebrauchten, höchstens etwa 85 cm³ Flüssigkeit ansammeln. Man wartet unter öfterem Rühren mit dem ins Glas gestellten Stäbchen, bis die letzten Reste des Kuchens gelöst sind und füllt dann in einen 200 cm³ Meßkolben über; Glas, Stäbchen und den Trichter auf dem Meßkolben reinigt man mit einer 5% Lösung von Schwefelnatrium und füllt schließlich bis zur Marke mit Wasser auf. Nach gutem Umschütteln stellt man den Kolben beiseite und wartet, bis sich die Trübung abgelagert hat und eine klare, rein gelbe Flüssigkeit über ihr steht. Ist dann der dunkle Bodensatz nur ein ganz geringer und ferner Antimon nach dem später beschriebenen Verfahren im Metalle nur in Spuren nachweisbar, so kann man ohne Sorge von weiteren Proben absehen und die Lieferung übernehmen.

Ebenso sind weitere Arbeiten überflüssig, wenn Antimon vorhanden ist, da man die Ware dann eben ablehnt.

Sind dagegen nur Spuren von Antimon da, nach der Menge des Bodensatzes im Meßkolben zu schließen aber andere fremde Metalle in nicht zulässigem Maße, dann führt man vor der Beanstandung des Gutes jedenfalls noch eine Bestimmung des Zinngehaltes aus.

Man entnimmt dem 200 cm^3 Meßkolben, selbstverständlich ohne den Bodensatz aufzurühren, mit der Pipette genau 50 cm^3, entsprechend rund 0.25 g Metall, läßt sie in ein 200 cm^3 Becherglas fließen, verdünnt mit weiteren 50 cm^3 Wasser, legt ein Uhrglas auf und fügt aus einer unter diesen Deckel geschobenen Pipette eine Mischung gleicher Teile Wasser und konzentrierter Salzsäure zu, bis die Flüssigkeit gegen Kongopapier eben sauer reagiert. Dann spritzt man das Uhrglas ab, leitet 10′ Schwefelwasserstoff in seinen Inhalt, läßt 2 h absitzen und filtriert hierauf flott durch ein 9 cm Weißband-Filter. Zu dessen und des Glases Auswaschen dient eine 2% Lösung von Ammoniumazetat.

Das gewaschene Filter trocknet man im Schranke, öffnet es dann über einer tadellos reinen, flachen Porzellanschale, in der ein gewogener Tiegel von 3.5 cm Höhe und 4 cm oberer Weite steht und löst die Borke mit einer feinen Messerspitze in den Tiegel ab. Etwa daneben gefallene Stücke kehrt man zum Schlusse mit dem Pinsel aus der Schale in den neben sie gestellten Tiegel, setzt diesen ins Tondreieck, legt einen Deckel auf und erhitzt zunächst recht vorsichtig, wobei man den Deckel mit der Zange öfters ein wenig lüftet. So vorzugehen ist deshalb nötig, weil im Anfange der Arbeit leicht kleine Stücke des Niederschlages wegspritzen. Ist er durch weiteres stärkeres Glühen in SnO_2 übergeführt, so läßt man den Tiegel erkalten, legt das leicht zusammengefaltete Filter ein und beträufelt es behutsam mit stärkster rauchender Salpetersäure, so daß es rasch verglimmt. Schließlich vertreibt man mit der vorsichtig geführten Fächelflamme etwa im Tiegel verbliebene Säure, glüht 5′ scharf und wägt aus.

1 g SnO_2 enthält 0.7877 g Sn.

Gleich wenn die nunmehr geschilderten Arbeiten im Gange sind, am besten während der Zeit, die uns der Aufschluß des Metalles mit der Schwefel-Soda-Mischung läßt, wägen wir weitere rund 1.5 g der Mittelprobe genau ab, lösen sie in konzentrierter Schwefelsäure und prüfen auf Antimon, wie dies auf S. 35 beschrieben wird. Und nun möge auch hier wiederum ein Beispiel folgen.

Beispiel.

Angeliefert 100 „straits“, aus Aushieben von 10 von ihnen laut S. 29 einen Regulus erschmolzen und aus ihm Späne gebohrt, 1.0126 g dieser Späne mit der Na_2CO_3-S-Mischung aufgeschlossen, Lösung des Aufschlusses in einen 200 cm³ Meßkolben übertragen, aufgefüllt, umgeschüttelt und absitzen gelassen.

Gewicht des SnO_2 aus 50 cm³ dieser Stammlösung . . 0.3196 g 1)

daher, da 1 g SnO_2 enthält 0.7877 g Sn, Gehalt des untersuchten Gutes an Sn:

$$\frac{0.3196 \text{ g} \times 0.7877 \times 4 \times 100}{1.0126 \text{ g}} = 99.45\ \%\ \text{Sn} \qquad 2)$$

Antimon war nicht nachweisbar — die Lieferung ist übernommen worden.

4. Weichlot, Weißlot oder Schnellot.

Solcher Lote, das sind Legierungen von Zinn und Blei — häufig aus gleichen Gewichtsteilen beider Metalle bestehend — bedienen wir uns zum „Ausschwemmen" der rohen Galvanos. Erschmelzen wir sie selbst aus reinem Zinn und gutem Hüttenblei, so entfallen selbstverständlich weitere Untersuchungen. Beziehen wir sie jedoch fertig, sei es als Folien, sei es als Körner, als Späne oder als Barren, dann mag eine Analyse des angelieferten Gutes doch manchmal angezeigt sein, da ja sein Preis vor allem von seinem Gehalte an Zinn abhängt.[1])

Was die Gewinnung einer Mittelprobe anbelangt, gehen wir genau so vor wie es auf S. 29 erläutert worden ist, und bei der Bestimmung des Bleies können wir sodann nach den auf S. 35 gegebenen Anweisungen, wie bei der Untersuchung eines Schriftgießermetalles, arbeiten. Den Anteil an Zinn dagegen fassen wir folgendermaßen:

Wir wägen rund 1 g der Bohrspäne, aus denen die Mittelprobe besteht, genau ab, lösen sie in einen 200 cm³ Erlenmeyer-Kolben in 20 cm³ Salpetersäure der Dichte 1.4 im Abzuge auf und erwärmen schließlich mit kleiner Flamme auf dem Drahtnetze, bis alles Metall in Lösung gegangen ist und die braunen Dämpfe sich ganz verzogen haben. Dann übertragen wir den Inhalt des Kolbens unter Zuhilfenahme der Spritzflasche in eine flache, innen dunkel glasierte Porzellanschale von 12 cm Durchmesser, dampfen auf dem Wasserbade zur Trockne, durchfeuchten den Rückstand mit Salpetersäure 1.4, dampfen neuerlich zur Trockne und nehmen dann mit einer Mischung von 20 cm³ Wasser und 5 cm³ Salpetersäure auf. Nachdem wir die weißen Krusten in der Schale mit dem Glasstabe zerteilt haben, filtrieren wir durch ein 9 cm Blauband-Filter ab und spülen dieses sowie die Schale mit weiteren 50 cm³ der soeben erwähnten Mischung nach, wobei wir dafür Sorge tragen, auch

[1]) Das sogenannte „Sickerlot" ist die bei 181° schmelzende und erstarrende „eutektische" Zinn-Blei-Legierung mit rund 36% Blei und rund 64% Zinn.

die letzten Reste des gelblich-weißen, in der dunklen Schale gut sichtbaren Rückstandes auf das Filter zu bringen.

Ist uns dies gelungen — allenfalls muß man auch den Glasstab mit dem Gummiwischer benützen — und ist auch das Auswaschen des Filters beendet, so trocknet und verascht man es genau so, wie es auf S. 22 beschrieben ist, in einem Porzellantiegel von 5 cm Höhe und 4 cm oberem Durchmesser, schließt den Rückstand von noch unreinem SnO_2 mit dem Sechs- bis Neunfachen seines Gewichtes der Schwefel-Soda-Mischung in der auf S. 30 dargelegten Art auf und arbeitet dann auch weiter nach den dort gegebenen Anweisungen, um schließlich reines SnO_2 auswägen zu können.

Ein Beispiel soll auch hier unsere Ausführungen noch weiter erläutern.

B e i s p i e l.

Angeliefert 20 kg Weichlot in Körnern, die auf einen mit reinem Papier bedeckten Tisch geleert und zu einem Quadrat (Fig. 3) ausgebreitet

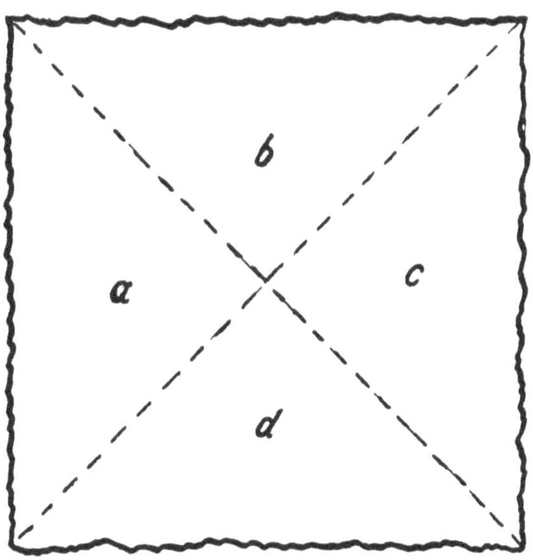

Fig. 3.

worden sind, worauf aus jedem der vier Teile des quadratischen Körnerbelages, die durch Ziehen der Diagonalen entstehen, bei a, b, c und d je eine Handvoll entnommen worden ist — zusammen etwa 0.5 kg. Einschmelzen des Regulus und Bohren von Spänen aus ihm laut S. 29 zur Gewinnung der eigentlichen Mittelprobe.

1.4782 g dieser Späne gelöst laut S. 35, Gewicht des $PbSO_4$ im Gooch-Tiegel . . . . 1.2622 g 1)

somit, da 1 g $PbSO_4$ enthält 0.6832 g Pb, Gehalt des Gutes an Pb:

$$\frac{1.2622 \text{ g} \times 0.6832 \times 100}{1.4782 \text{ g}} = 58.34\,\%\ \text{Pb} \qquad 2)$$

1.0332 g der Späne gelöst in HNO_3 der Dichte 1.4 usw. wie oben beschrieben, unreiner SnO_2-Rückstand mit Na_2CO_3-S-Mischung aufgeschlossen, Schmelze gelöst, Lösung in 200 cm^3-Meßkolben übertragen, aufgefüllt, umgeschüttelt, absitzen gelassen, 50 cm^3 der klaren Stammlösung mit Säure zersetzt usw. laut S. 31. Gewicht des SnO_2 aus 50 cm^3 der Stammlösung im 200 cm^3-Kolben . . . . . . 0.1353 g 3)

daher, da 1 g SnO_2 enthält 0.7877 g Sn, Gehalt des untersuchten Gutes an diesem Metall:

$$\frac{0.1353 \text{ g} \times 0.7877 \times 4 \times 100}{1.0332 \text{ g}} = 41.26\,\%\ \text{Sn} \qquad 4)$$

Somit insgesamt nachgewiesen:

58.34% Pb
41.26 „ Sn
99.60%

5. Schriftgießermetalle.

Unter diesem Namen begreifen wir hier Legierungen von Blei, Zinn und Antimon — in welchem Verhältnisse zueinander man diese Metalle einschmilzt hängt von der Verwendung ab, die das Gut finden soll. Ledebur[1]) teilt uns folgendes mit:

	Blei:	Antimon:	Zinn:
Schriftmetall für Lettern	75%	23 %	2 %
Desgleichen, dauerhafter als das vorige	60 „	25 „	15 „
oder	55 „	23 „	22 „
Schriftmetall zu Stereotypplatten . .	82 „	14.8 „	3.2 „
Schriftmetall zu Ausschließungen, welche die im Druck weiß bleibenden Räume auszufüllen bestimmt sind und daher weniger abgenützt werden	80 „	20 „	

Auch hier dürfen wir wegen der Gewinnung der Mittelprobe aus einem Warenposten auf S. 29 verweisen; bei der Untersuchung selbst gehen wir dann zunächst nach Oesterhold-Honegger vor.

---

[1]) Die Legierungen usw., 3. Auflage 1906, Berlin bei Krayn, S. 158.

Wir wägen zweimal rund je 1.5 g der Mittelprobe — möglichst feine Späne — genau ab, übertragen sie in zwei 200 cm^3 Erlenmeyer-Kolben, gießen in jeden 20 cm^3 konzentrierte Schwefelsäure und erhitzen dann im Abzuge auf Drahtnetzen, bis alles Metall gelöst ist und die Bodensätze in den Kolben rein weiß sind. Dann stellt man die Kolben zur ersten Abkühlung auf ein kaltes Sandbad, worauf man bald unter den Strahl der Wasserleitung gehen kann, gießt in jeden von ihnen zwar vorsichtig, aber doch in einem Zuge eine Mischung von 80 cm^3 Wasser mit 5 cm^3 konzentrierter Salzsäure und kühlt neuerdings unter der Wasserleitung. Weiter fügt man dem Inhalte zunächst des einen Kolbens 3 Tropfen Methylorange zu und sodann aus einer Bürette unter gelindem Umschwenken $^{n}/_{10}$ Kaliumbromat-Lösung bis nahe zur Entfärbung des Methylorange, worauf man von diesem weitere 3 Tropfen zugibt und recht langsam bis zu seiner endgültigen Entfärbung durch die ersten Spuren überschüssigen Kaliumbromates austitriert. Hat man sich so schon ein ziemlich genaues Bild davon gemacht, wieviel $^{n}/_{10}$ cm^3 $KBrO_3$-Lösung man zur Umwandlung des dreiwertigen in fünfwertiges Antimon nach der Gleichung:

$$2\,KBrO_3 + 2\,HCl + 3\,Sb_2O_3 = 2\,KCl + 2\,HBr + 3\,Sb_2O_5$$

braucht, so nimmt man den zweiten Kolben zur Hand, läßt wiederum 3 Tropfen Methylorange einfallen und titriert gleich auf dessen Entfärbung — im Anfange läßt man unter Umschwenken die Kaliumbromat-Lösung rascher zufließen und je mehr man sich dem ja ziemlich genau bekannten Ende der Reaktion nähert, desto langsamer und vorsichtiger arbeitet man.

Da 1 l einer $^{n}/_{10}$ $KBrO_3$-Lösung $^{1}/_{60}$ Grammol $KBrO_3$ enthält, also 167.02/60 g = 2.7837 g $KBrO_3$ und nach obiger Gleichung 1 Grammol $KBrO_3$ anderseits $^{3}/_{2}$ Grammolen Sb_2O_3 entspricht, zeigt offenbar 1 l $^{n}/_{10}$ $KBrO_3$-Lösung an $^{3}/_{120} = ^{1}/_{40}$ Grammol Sb_2O_3 = 291.6 g/40 = 7.2900 g, weiter entsprechend 6.0900 g Sb — das heißt, 1 cm^3 einer $^{n}/_{10}$ $KBrO_3$-Lösung zeigt 0.00609 g Sb an.

Nach Beendigung dieses Teiles der Arbeit stellt man die Kolben für etwa 30′ beiseite und wägt inzwischen zwei mit Asbest beschickte, im elektrischen Ofen bei dunkler Rotglut behandelte Gooch-Tiegel, auf denen man das Bleisulfat abfiltriert, Kolben und Filtertiegel, unter Vermeidung unnötiger Mengen, mit 2% Schwefelsäure waschend. Die Tiegel werden dann wiederum im elektrischen Ofen bis zur dunklen Rotglut erhitzt und schließlich laut S. 15 ausgewogen. 1 g $PbSO_4$ enthält 0.6832 g Pb.

Im Sinne der vorstehenden Anweisung arbeitend haben wir also jetzt das in der Legierung vorhandene Antimon, sowie das Blei erfaßt und wollen nun die Menge der allenfalls noch als Verunreinigungen vorhandenen Metalle bestimmen, um schließlich den Anteil an Zinn als Differenz errechnen zu können.

Zu diesem Zwecke wägen wir rund 2 g der Späne von der Mittelprobe genau ab und lösen sie in einem 300 cm³ Erlenmeyer-Kolben, der im Abzuge über einer kleinen Flamme auf dem Drahtnetze steht, in 30 cm³ konzentrierter Salzsäure auf, indem wir sehr vorsichtig und in ganz kleinen Mengen mit einen Löffelchen Kaliumchlorat, $KClO_3$, eintragen, bis alles Metall gelöst ist. Wir erwärmen dann weiter, bis sich auch das entwickelte Chlor verzogen hat, nehmen hierauf den Kolben vom Drahtnetze ab, gießen eine Lösung von 4 g Weinsäure in 40 cm³ Wasser zu und neutralisieren schließlich sehr vorsichtig und unter fortwährendem Umschwenken mit einer Lösung von 1 Gewichsteil reinstem Ätzkali in 3 Gewichtsteilen Wasser, die man sich jedesmal frisch in einer tadellosen Porzellanschale bereitet. Wenn man richtig gearbeitet hat, darf sich in der Flüssigkeit im Kolben keine Trübung zeigen und man gießt sie also jetzt ganz langsam und unter Umrühren mit einem Glasstabe in 80 cm³ einer 10% Lösung von Schwefelnatrium ein, die sich in einem 250 cm³ Becherglase befindet. In ihm mögen sich, eingerechnet die etwa 20 cm³ Wasser, die man zum Nachspülen des Erlenmeyer verwendet, etwa 200 cm³ Flüssigkeit ansammeln. Man stellt das Gefäß beiseite und wartet ab, bis sich der dunkle Niederschlag von Bleisulfid, allenfalls auch den Sulfiden der als Verunreinigung der Legierung vorhandenen anderen Metalle abgesetzt hat und eine blanke, gelbe Lösung, die das Zinn und das Antimon enthält, über ihm steht. Diese kann man dann, ohne einen Verlust an Bodensatz befürchten zu müssen, zum weitaus größten Teile abgießen und braucht nur den Rest samt dem Niederschlage auf das Filter zu bringen. Wir bereiten es hier in der Art, daß wir auf den Boden eines Gooch-Tiegels ein doppeltes Scheibchen legen, das wir aus einem Blauband-Filter schneiden, so zwar, daß es eben die Sieblöcher abdeckt, jedoch noch nicht an den Wänden anliegt (Fig. 4). Wir setzen den Tiegel auf seinen Gummistutzen, befeuchten das Papier mit der Spritzflasche und saugen es mit der gelinde arbeitenden Pumpe auf dem Siebboden fest, worauf wir auch schon die zu filtrierende Flüssigkeit aufgießen können, ohne daß sie trübe ablaufen darf. Haben wir den ganzen Niederschlag unter Zuhilfenahme des Glasstabes mit dem Gummiwischer auf das Filter gebracht, wobei wir zum Nachspülen eine 5% Lösung von Schwefelnatrium benützen und den Tiegel niemals ganz leer saugen, so lassen wir noch weitere 50 cm³ der 5% Schwefelnatrium-Lösung

Fig. 4.

durch das Filter gehen und saugen zum Schlusse scharf ab. Wenn wir so arbeiten und recht behutsam vorgehen, können wir beruhigt annehmen, daß der Niederschlag im Tiegel von Verbindungen des Zinnes und des Antimones reingewaschen ist und haben nicht zu gewärtigen, daß uns kolloidal gewordene Sulfide durch das Filter gehen. Wir nehmen also den Tiegel von seinem Sitze vor der Pumpe ab, wischen ihn mit einem reinen Tuche außen ab, kehren ihn über einer dunkel glasierten Schale von 12 cm Durchmesser um, fassen ihn zwischen die Lippen und blasen gelinde durch die Löcher des Siebbodens, worauf sofort der Kuchen samt den Filterblättchen in die Schale fällt und nur geringe Reste von Sulfiden an den Tiegelwandungen haften bleiben. Man entfernt nun zunächst mit einer spitzen Pinzette die beiden Filterblättchen vom Kuchen in der Schale, an welchen Blättchen ebenfalls keine nennenswerten Mengen des Niederschlages haften bleiben dürfen, legt sie in einen reinen, trockenen Porzellantiegel von 2.5 cm Höhe und 4 cm Durchmesser ein und stellt ihn in das Tondreieck über eine kleine Flamme zum Trocknen seines Inhaltes. Sodann ergreift man mit der einen Hand den Gooch-Tiegel, in dem ja noch Reste von Sulfiden haften, hält ihn über ein 100 cm^3 Becherglas und träufelt mit der anderen Hand vorsichtig rauchende Salpetersäure auf seine Wandung, wobei man ihn langsam zwischen den Fingern der haltenden Hand dreht. Unter dem Einflusse der rauchenden Salpetersäure geht in lebhafter Reaktion das dunkle Bleisulfid — PbS — sofort in weißes Bleisulfat — $PbSO_4$ — über, das von der durch den Siebboden des Tiegels tropfenden Flüssigkeit in das Becherglas mitgespült wird, während die anderen etwa vorhandenen Sulfide bereits in dieser Säure in Lösung gegangen sind. Hat man so etwa 20 cm^3 durch den Tiegel laufen gelassen, so ist er sicherlich rein und man kann ihn beiseite legen, um die im Becherglase befindliche Säure nunmehr zur Bearbeitung der Hauptmenge der Sulfide, nämlich des Kuchens in der Schale zu benützen.

Man legt also auf die Schale ein Uhrglas, so zwar, daß der Ausguß der Schale frei bleibt, und läßt langsam und vorsichtig durch diesen Ausguß die rauchende Säure aus dem Becherglase zu den Sulfiden in der Schale rinnen. Augenblicklich tritt auch hier wieder eine stürmische Umsetzung ein, unter Bildung von weißem Bleisulfat aus den dunklen Sulfiden und lebhafter Entwicklung roter Dämpfe. Ist sie vorüber, so spritzt man das Uhrglas mit ein wenig Wasser ab, wäscht auch das Becherglas in die Schale aus, setzt ihrem Inhalte noch 2 cm^3 Schwefelsäure zu und stellt sie zum Eindampfen auf das Wasserbad im Abzuge. Währenddem sind inzwischen auch schon die Filterblättchen im Tiegel über der Flamme trocken geworden — man kann sie nach dem Erkalten mit rauchender Salpetersäure beträufeln, wobei sie verglimmen und auch hier die Sulfidreste umgesetzt werden, die man also schließlich mit ein wenig Wasser zum Übrigen in die Schale spült. Ist alles vertrieben, was überhaupt auf dem Wasserbade weggeht, so läßt man die Schale erkalten, nimmt ihren Inhalt mit 50 cm^3 Wasser auf und filtriert durch ein 7 cm Blauband-Filter in das Gefäß des Elektrolysierapparates, den wir mit gewogener Netzkathode bereit gemacht haben. Auf dieser scheidet sich das etwa als Verunreinigung der Legierung vorhanden gewesene Kupfer ab, während an der Spiralanode die Reste des in der Lösung verbliebenen Bleies als Bleisuperoxyd anfallen, in welche Verbindung übrigens auch eine allfällige feine Trübung dieser Lösung durch Bleisulfat während der Elektrolyse übergeht.

Mit der solchermaßen von allem Blei und auch dem Kupfer befreiten Lösung können wir dann noch weiter nach den Anweisungen auf S. 20 verfahren, also Eisen, Aluminium, Mangan, Nickel und Zink erfassen — wenn es sich zeigen sollte, daß diese Stoffe überhaupt in Mengen vorhanden sind, die noch in Betracht kommen, was für gewöhnlich nicht der Fall sein wird.

Beispiel.

Dem Laboratorium wird eine Probe eines Metalles übergeben, das, zum „Hintergießen" von Druckgalvanos bestimmt, in der Zusammensetzung 82% Blei, 15% Antimon, 3% Zinn bestellt worden ist.

Die Probe nach Oesterhold-Honegger ergab folgendes:

	Probe I:	Probe II:
Einwage:	1.6020 g	1.4297 g
Bleisulfat:	1.6379 g	1.4628 g
Verbraucht $n/_{10}$ $KBrO_3$-Lösung:	39.4 cm^3	35.2 cm^3

Daraus folgt offenbar, da 1 g $PbSO_4$ enthält 0.6832 g Pb und 1 cm^3 $n/_{10}$ $KBrO_3$-Lösung anzeigt 0.00609 g Sb:

$$\text{Probe I: } \frac{1.6379 \text{ g} \times 0.6832 \times 100}{1.6020 \text{ g}} = 69.85\ \% \text{ Pb}$$

$$\text{Probe II: } \frac{1.4628 \text{ g} \times 0.6832 \times 100}{1.4297 \text{ g}} = 69.90\ \% \text{ „}$$

im Mittel . . . . 69.88 % Pb 1)

$$\text{Probe I: } \frac{0.00609 \text{ g} \times 39.4 \times 100}{1.6020 \text{ g}} = 14.98\ \% \text{ Sb}$$

$$\text{Probe II: } \frac{0.00609 \text{ g} \times 35.2 \times 100}{1.4297 \text{ g}} = 14.99\ \% \text{ „}$$

im Mittel . . . . 14.99 % Sb 2)

Sodann wurden 2.0004 g Späne nach den Darlegungen der S. 36 behandelt und hierbei festgestellt, daß Eisen, Aluminium und Zink nur in Spuren vorhanden waren, dagegen 0.2012 g Kupfer, entsprechend:

$$\frac{0.2012\ g \times 100}{2.0004\ g} = 10.06\ \%\ \text{Cu} \qquad 3)$$

Wir haben also insgesamt festgestellt:

	69.88 % Pb
	14.99 „ Sb
	10.06 „ Cu
zusammen	94.93 %

so daß rund 5% der Legierung als deren Gehalt an Zinn anzunehmen waren.

Die Lieferung ist zurückgewiesen und die Beanstandung anerkannt worden mit der Entschuldigung, daß aus Versehen statt der bestellten Legierung ein Lagermetall der gefundenen Zusammensetzung abgefertigt worden sei.

6. Silber.

Silber kauft man in galvanotechnischen Werkstätten heute wohl nur mehr als Blech für Anoden ein — die Herstellung von Silbernitrat im eigenen Betriebe kann nicht mehr ernstlich in Betracht kommen.

Die Untersuchung der angelieferten Streifen und Bleche für Anoden nun erstreckt sich bloß auf die Prüfung des von der betreffenden Scheideanstalt gewährleisteten Feingehaltes. Dazu entnimmt man jeder der Platten an ihrem Rande mit einem scharfen Meißel einen kleinen dreieckigen Aushieb von etwa 0.5 g Gewicht, wäscht die zunächst auf einem reinen Papierblatte gesammelten Metallstückchen sorgfältig mit Alkohol sowie Äther ab, läßt sie trocknen und wägt sie dann genau auf einem Uhrglase. Hierauf überträgt man sie in ein 500 cm^3 Becherglas, fügt die zur Lösung nötige Menge einer Mischung von 2 Raumteilen reiner, chlorfreier Salpetersäure der Dichte 1.4 mit 1 Raumteil Wasser zu, legt das bereitgehaltene Uhrglas auf und erwärmt im Herde auf dem Drahtnetze mit kleiner Flamme, bis sich alle braunen Dämpfe durch die Öffnung zwischen dem Ausgusse des Bechers und dem Uhrglase verzogen haben. Man läßt erkalten, spritzt das Uhrglas ab, bringt den Inhalt des Gefäßes unter sorgfältigem Nachspülen mit Wasser in einen Meßkolben solcher Größe, daß auf 1 l Wasser etwa 10 g Silber kommen und füllt den Kolben auf. War das Gesamtgewicht der Aushiebe also etwa 2—3 g, so wird man einen 250 cm^3 Kolben wählen, war es 10—12 g, einen solchen von

1000 cm^3. Schließlich entnimmt man dem Kolben dann mit der Pipette zweimal je 25 cm^3, läßt in zwei weithalsige 200 cm^3 Kolben auslaufen, gießt in jeden noch 50 cm^3 Wasser, fügt einige Tropfen einer gesättigten Lösung von Eisenalaun zu und titriert unter Umschwenken mit einer $n/_{10}$ Rhodanammonium-Lösung aus, bis sich eben die erste zarte Rotfärbung von Eisenrhodanid zeigt. Da sich der Umsatz nach der Gleichung:

$$AgNO_3 + NH_4CNS = AgCNS + NH_4NO_3$$

vollzieht, entspricht 1 Grammatom Silber je 1 Grammol Rhodanammonium, das heißt 1 l einer $n/_{10}$ NH_4CNS-Lösung zeigt 1 Grammatom Silber und 1 cm^3 also 107.88/1000 g = 0.010788 g Silber an.

Will man aus irgendeinem Grunde auch eine gewichtsanalytische Bestimmung des Silbers ausführen, so entnimmt man dem Meßkolben 50 cm^3, läßt sie in ein Becherglas von 200 cm^3 Inhalt auslaufen, gießt auch hier 50 cm^3 Wasser zu, dann noch 2 cm^3 Salpetersäure der Dichte 1.4, erwärmt den Inhalt des Glases auf dem Drahtnetze bis nahe zum Sieden und fällt schließlich das Silber als Chlorsilber, indem man tropfenweise Salzsäure zufügt, bis keine Trübung mehr entsteht. Dann erwärmt man unter öfterem Umrühren weiter, bis sich das ausgeschiedene Chlorsilber geballt hat, filtriert durch ein 7 cm Weißband-Filter ab, wäscht mit heißem Wasser nach, verascht das Filter noch naß in einem ausgeglühten und dann genau gewogenen Porzellantiegel von 3.5 cm Höhe und 3 cm Durchmesser und erhitzt weiter, bis das Chlorsilber zusammengeschmolzen ist. Nunmehr legt man auf den Tiegel den Deckel eines sogenannten Rosetiegels auf und leitet durch das zu ihm gehörige Rohr aus Porzellan Leuchtgas ein, während man den Boden des Tiegels mit einer kleinen Flamme erhitzt. Bald bemerkt man, wenn man sich über den Tiegel beugt, den Geruch von Salzsäure, die bei der Reduktion des Chlorsilbers durch das Leuchtgas entsteht und wenn dieser Geruch verschwunden ist, kann man auch die Gaszufuhr einstellen und den Tiegel erkalten lassen. Man muß auf seinem Boden einen Regulus von reinem Silber vorfinden, allenfalls nebst Resten von Filterkohle. Um diese zu entfernen und etwa im Inneren des Regulus vorhandenen Resten von Chlorsilber beizukommen, zersticht man ihn mit der Spitze eines Federmessers und dreht ihn um, was stets leicht und ohne Verluste gelingt. Dann glüht man den Tiegel erst einmal an der Luft, bis die Kohlenreste verschwunden sind, läßt erkalten, nimmt nochmals die Reduktion mit Leuchtgas vor, läßt wiederum erkalten und wägt schließlich aus. Die Ergebnisse der titrimetrischen und der gewichtsanalytischen Bestimmung nach dem eben erläuterten Verfahren dürfen höchstens um 0.03% voneinander abweichen.

Ganz ebenso, wie wir es nunmehr besprochen haben, gehen wir auch vor, wenn wir im Betriebe etwa zurückgewonnenes Silber untersuchen wollen. Selbstverständlich muß es vorerst zu einem Regulus niedergeschmolzen werden, aus dem wir in der bereits bekannten Art Späne erbohren können. Die als Verunreinigungen des Silbers vorhandenen Metalle, wie Kupfer, Nickel und Zink finden sich im Filtrate vom Chlorsilber und können in diesem erfaßt werden, was aber wohl nur in besonderen Ausnahmefällen nötig sein wird.

Beispiel.

Angeliefert 10 Feinsilberbleche von 2 mm Stärke, 4×2 dm, Gewicht der Aushiebe aus ihnen 4.7721 g, welche Metallmenge sodann zu 500 cm^3 gelöst worden ist.

Bei der Titration von 25 cm^3 dieser Stammlösung Verbrauch an $^n/_{10}$ NH_4CNS-Lösung:

a) 22.10 cm^3
b) 22.10 „

im Mittel 22.10 cm^3

daher, da 1 cm^3 anzeigt 0.010788 g Ag, Gehalt der Ware an Feinsilber:

$$\frac{0.010788\ \mathrm{g} \times 22.10 \times 20 \times 100}{4.7721\ \mathrm{g}} = 99.92\% \qquad 1)$$

Eine gewichtsanalytische Bestimmung ergab dagegen aus 50 cm^3 der Stammlösung einen Silberregulus von 0.4767 g Gewicht, daher einen Gehalt des gelieferten Metalles an Feinsilber von:

$$\frac{0.4767\ \mathrm{g} \times 10 \times 100}{4.7721\ \mathrm{g}} = 99.89\% \qquad 2)$$

Wir haben also gefunden:

laut 1) . . .	99.92%
„ 2) . . .	99.89 „
im Mittel	99.905%

während uns bei der Bestellung 99.90% zugesagt worden sind.

7. Gold.

Während man Silber, wie schon bemerkt, heute wohl nur mehr als Anodenmetall einkauft, halten die Inhaber vieler sonst gut geleiteter galvanotechnischer Werkstätten noch immer hartnäckig daran fest, sich die nötigen Goldsalze selbst herzustellen, und zu diesem Zwecke wird dann — wenn der Betrieb nicht am Ende gar auf irgendeine Münzensorte eingeschworen ist — Feinmetall angeschafft, während es als Anodengut weniger beliebt ist. Daß man nun an Dukaten oder Zwanzigmarkstücken keine Untersuchungen vorzunehmen braucht, ist wohl klar und ebenso sind solche überflüssig, wenn man Feingold, zum Beispiel als dünnen Blechstreifen, von einer Scheideanstalt von Ruf bezieht, die sich wohl hüten wird, diesen auch nur anzweifeln zu lassen — immerhin mag man doch einmal in die Lage kommen, bei einer Legierung von Gold, Silber und Kupfer den Gehalt an Edelmetallen feststellen zu müssen und wir wollen daher erläutern, wie wir dann, bloß ausgerüstet mit dem gewöhnlichen Handwerkszeug des chemischen Laboratoriums und ohne die Behelfe des „Probierers" vorzugehen haben.

Hierbei bemerken wir gleich, daß es ein weit verbreiteter Irrtum ist, die Arbeitsweisen des Probierers, die „dokimastischen" Methoden, seien genauer als die dem Analytiker sonst zur Verfügung stehenden. Dies ist keineswegs richtig, sondern sie sind nur, wenn man sie sicher beherrscht, viel fördersamer und daher unbedingt am Platze, wo es sich um regelmäßige Reihenarbeiten handelt, wie in Hütten, Münzstätten und Scheideanstalten — dagegen würde die ausnahmsweise einmal vorkommende Untersuchung einer Legierung von Gold, Silber und Kupfer die Anschaffung der nötigen Apparate gewiß nicht rechtfertigen.

Liegt uns also eine solche Legierung vor, dann lösen wir 0.5—1 g in einer flachen Schale von 10 cm Durchmesser und tadelloser Glasur in einer Mischung von 3 Teilen konzentrierter Salzsäure und 1 Teil Salpetersäure 1.4 auf dem Wasserbade auf, wobei wir die Schale mit einem Uhrglase bedeckt halten bis alles Metall gelöst ist und das Aufperlen von Gasblasen aufgehört hat. Dann spritzt man das Uhrglas ab, dampft zur Trockne, durchfeuchtet den Rückstand mit Salzsäure, dampft wieder zur Trockne und wiederholt dies noch zweimal, um sicher zu sein, daß alle Stickstoffverbindungen vertrieben sind. Man nimmt mit 25 cm^3 Wasser und einigen Tropfen Salzsäure auf, filtriert durch ein möglichst kleines Blauband-Filter, das man vorher mit etwas mit Salzsäure angesäuertem Wasser befeuchtet hat, in einen 100 cm^3 Erlenmeyer und wäscht mit weiteren höchstens 30 cm^3 solchen angesäuerten Wassers nach, bis Schale und Filter, auf dem das Chlorsilber verbleibt, an keiner Stelle mehr gelb sind. Inzwischen hat man in einem 300 cm^3 Becherglase eine blank filtrierte Lösung von 30 g Eisensulfat in 150 cm^3 Wasser vorbereitet und in diese tröpfelt man, ohne zunächst umzurühren, den Inhalt des Erlenmeyer längs eines Glasstabes langsam ein, ebenso wie die 15—20 cm^3 Wasser, mit denen man den Kolben und den Glasstab schließlich spült. Hierauf rührt man vorsichtig um, stellt das Becherglas beiseite und kann sicher sein, nach 12 h auf seinem Boden einen braunschwarzen Niederschlag von fein verteiltem Golde unter einer ganz klaren, grünen Flüssigkeit vorzufinden, ohne daß auch an den Wänden des Glases eine Metallausscheidung stattgefunden hätte. Man gießt also den größten Teil der über dem Bodensatze stehenden Flüssigkeit vorsichtig in eine Porzellanschale ab und den Rest durch ein möglichst kleines Weißband-Filter in die gleiche Schale, worauf man das Filter zunächst gründlich mit heißem Wasser, dann mit einer Mischung von 10 cm^3 Salzsäure und 20 cm^3 Wasser und weiter wiederum mit reinem Wasser wäscht und es schließlich in einem ausgeglühten und gewogenen Porzellantiegel von 2.5 cm Höhe und 4 cm Durchmesser verascht. Hierauf bringt man den losen Inhalt des Tiegels in ein sogenanntes Goldscheidekölbchen, kocht ihn hier über einer kleinen Flamme 30′ mit 15 cm^3 konzentrierter Schwefelsäure, läßt erkalten, füllt das Kölbchen mit Wasser an, gießt die in ihm befindliche wasserklare Flüssigkeit ab, wobei man sorgfältig darauf achtet, daß nicht etwa kleine Teilchen mitgeschwemmt werden, spült das Gold mit dem Strahle der Spritzflasche auf ein Weißband-Filterchen, verascht es naß in dem für die erste Veraschung gebrauchten Tiegel, glüht einige Minuten scharf und wägt nach dem Erkalten das nunmehr sicherlich reine Metall aus. — —

Will man auch das Silber erfassen, das sich in der Legierung befindet, so behandelt man das Filter, auf dem man nach dem Lösen des Analysengutes das Chlorsilber gesammelt hat, in der auf S. 40 erläuterten Art.

II. Stoffe zum Ansetzen und zur Pflege der Bäder.

8. Zyankalium und Ersatzpräparate.

Das eigentliche Kaliumzyanid oder Zyankalium kommt in Stücken, in runden Stängelchen und ferner auch als mehr oder weniger feinkörniges gelblich-weißes Pulver in den Handel. Man verlangt von guter, frischer, „natriumfreier“ Ware, daß sie trocken und zu etwa 97% KCN sein soll — Verunreinigungen durch etwas Feuchtigkeit, Kaliumkarbonat — K_2CO_3 — und noch andere Stoffe sind eben unvermeidlich, dagegen dürfen wir nennenswerte Mengen Natriumverbindungen nicht nachweisen können. Neben diesem Gute nun, das der Galvanotechniker vor allem beim Ansetzen und der Pflege von Silber- und Goldbädern gebraucht, bedient er sich noch und zwar bei der Arbeit an den Kupfer- und Messingbädern, des Natriumzyanides, NaCN, das gewöhnlich in weißen Tafeln und Stücken angeboten wird und schließlich eines heute allgemein eingeführten, vorzüglich verwendbaren, ganz ebenso aussehenden Präparates aus Zyannatrium und Kaliumchlorid, KCl. Es ist soviel von der letzteren

Verbindung vorhanden, daß der Stoff den gleichen Gehalt an CN hat wie reines KCN, das sind rund 40%.

Fig. 5.
a) Schutzkugel.

Will man nun eine Lieferung eines der im vorstehenden erläuterten Erzeugnisse untersuchen, so zieht man zunächst eine mit der Menge der Ware im Einklange stehende Mittelprobe, indem man allen oder einem angemessenen Teile der Packungen möglichst rasch Anteile von 100 bis 200 g entnimmt und sie in einem reinen und trockenen Pulverglase sammelt, dessen eingeriebener Stopfen recht gut paßt. War nun die Ware pulverförmig, so genügt es, den Inhalt dieses Gefäßes jetzt noch durcheinander zu rütteln, mit einem Löffel rund 20 g aus ihm in ein auf der Wage stehendes tariertes 300 cm^3 Becherglas zu geben, auf 0.02 g auszuwiegen, in etwa 200 cm^3 frisch ausgekochten destillierten Wassers zu lösen und schließlich die Lösung unter Nachspülen mit ebenso ausgekochtem Wasser, mit dem man dann auch auffüllt, in einen 1000 cm^3 Meßkolben zu übertragen. War die Ware jedoch stückig, dann muß man den Inhalt des Pulverglases vorerst in einem blanken Eisenmörser rasch auf Teile von Erbsengröße zerkleinern, worauf man wiederum in der beschriebenen Art vorgehen kann, so daß auch hier die Stammlösung in 25 cm^3 etwa 0.5 g der Probe enthält.

Man entnimmt also solche 25 cm^3 mit einer Pipette mit kugelförmiger Erweiterung oberhalb des Markenstriches, um sicher kein Zyankalium in den Mund zu bekommen, läßt sie in einen weithalsigen Titrierkolben von 200 cm^3 Inhalt auslaufen, verdünnt mit 25 cm^3 destillierten Wassers, wirft ein Körnchen Jodkalium — KJ — ein, setzt 2 cm^3 Ammoniak zu und titriert mit $n/_{10}$ $AgNO_3$-Lösung bis zum scharf erkennbaren Auftreten der ersten gelblichen Trübung von Jodsilber — AgJ — aus. Der Umsatz vollzieht sich nach der Gleichung:

$$2\,KCN + AgNO_3 = K\,[Ag(CN)_2] + KNO_3$$

das heißt, solange noch KCN zur Bildung des löslichen komplexen Kaliumsilberzyanides — $K[Ag(CN)_2]$ — vorhanden ist, verschwindet die beim Zutropfen der $AgNO_3$-Lösung auftretende Trübung immer wieder, während sich weiße Flocken zeigen, sobald nur mehr das unlösliche Silberzyanid, AgCN, entstehen kann. Hierbei ist es jedoch nötig, zum richtigen Erfassen dieses Punktes den erwähnten

Zusatz von KJ zu machen, aus dem eben in diesem Augenblicke in Ammoniak unlösliches AgJ entsteht, das als gelblich-milchige Trübung der ganzen Flüssigkeit sofort deutlich sichtbar wird, während die ersten Flocken von AgCN schwer wahrnehmbar wären.

1 cm^3 einer $^n/_{10}$ $AgNO_3$ zeigt 0.013022 g KCN, ferner 0.009802 g NaCN und 0.005202 g CN′ an.

Im allgemeinen wird man nach Beendigung der beschriebenen Titration, die man zweimal ausführt, von weiteren Bestimmungen absehen können — wollen wir jedoch aus dem einen oder dem anderen Grunde zum Beispiel einmal eine Lieferung des mit Chlorkalium abgestimmten Zyannatriums noch eingehender untersuchen, so gehen wir folgendermaßen vor.

Um das vorhandene Chlor zu ermitteln, entnehmen wir unserer Stammlösung mit der Pipette 50 cm^3, entsprechend etwa 1 g Analysengut, lassen sie in eine tadellos glasierte flache Porzellanschale von 10 cm Durchmesser auslaufen, fügen 5 cm^3 Eisessig zu — selbstverständlich wegen der sofort entweichenden Blausäure unter dem Abzuge — dampfen schließlich den Inhalt der Schale auf dem Wasserbade zur Trockne, durchfeuchten den Rückstand mit Eisessig und dampfen wieder zur Trockne. So vertreiben wir alle Blausäure, während die Chloride bestehen bleiben; wir nehmen also die trockene Salzmasse mit etwa 25 cm^3 Wasser auf und spülen die Lösung in einen 200 cm^3 Titrierkolben, in dem sich zunächst höchstens 50 cm^3 Flüssigkeit ansammeln sollen. Man fügt 2 cm^3 Salpetersäure 1.4 und mit der Pipette genau 50 cm^3 $^n/_{10}$ $AgNO_3$-Lösung zu, erwärmt auf dem Drahtnetze mit kleiner Flamme, bis das ausgeschiedene Chlorsilber sich zu Flocken geballt hat, läßt erkalten, gibt 5 Tropfen einer kalt gesättigten Lösung von Eisenalaun zu und titriert den nicht verbrauchten Überschuß von Silbernitrat mit $^n/_{10}$ NH_4CNS-Lösung zurück.

Zur Bestimmung des K′ behandelt man 50 cm^3 der Stammlösung in der soeben beschriebenen Art wiederum in der Schale, diesmal jedoch mit 5 cm^3 Salzsäure, mit der man dann auch den Rückstand durchfeuchtet, um ihn hierauf neuerdings abzutrocknen. Man nimmt mit 20 cm^3 Wasser auf, versetzt mit je 1 Tropfen Wasserstoffsuperoxyd und Salzsäure, sowie 5 Tropfen Ammoniak und erwärmt, wobei nur Spuren von Eisenhydroxyd, $Fe(OH)_3$, ausgeschieden werden dürfen. Von ihnen filtriert man durch ein ganz kleines Weißband-Filterchen in einen 75 cm^3 Erlenmeyer — Schale und Filter wäscht man mit höchstens 30 cm^3 heißen Wassers nach, so daß sich also im Kolben etwa 50 cm^3 Flüssigkeit ansammeln. Diese dampft man in einem geräumigen, ausgeglühten und im Wägeglase gewogenen Platintiegel auf dem Wasserbade ein und nimmt darauf Bedacht, den Tiegel beim Nachgießen aus dem Erlenmeyer nie mehr als bis zur Hälfte zu füllen — daß man auch den Kolben schließlich mit etwas heißem Wasser sorgfältig nachspülen muß, ist wohl klar. Ist alles eingedampft, so legt man den Deckel so auf den Tiegel, daß ein schmaler Spalt bleibt, und stellt ihn, um die letzten Reste von Wasser zu beseitigen, für 2 h in den auf 150—160° erwärmten Schrank. Dann setzt man ihn mit ebenso aufgelegtem Deckel in das Tondreieck und vertreibt mit der sehr bedächtig geführten Fächelflamme, mit der man auch den Deckel bestreicht, unter gelegentlichem vorsichtigen Lüften des Deckels, die geringe Menge von Chlorammonium. Ist auch dies besorgt, so erhitzt man den Tiegel mit einer kleinen Flamme, bis eben sein Boden rotglühend geworden ist und das Knistern aufgehört hat, worauf man ihn soweit abkühlen läßt, daß man ihn in sein Wägeglas stellen kann, mit dem er dann in den Exsikkator kommt, wo er ganz erkaltet, um schließlich in der bekannten Art im verschlossenen Glase gewogen zu werden. Das Gewicht, das man findet, ist die Summe einer vorläufig unbekannten Menge NaCl und einer ebenso unbekannten Menge KCl und um nun festzustellen, wieviel von jedem Stoffe und dann weiter an Na' und an K' vorhanden ist, bestimmt man einfach das an Na' und an K' gebundene Cl'. Wir lösen also die Chloride gleich im Tiegel selbst mit heißem Wasser, kippen längs eines Glasstabes in einen Trichter ab, der auf einem 100 cm^3 Meßkolben sitzt, spülen Tiegel, Glasstab und Trichter sorgfältig nach, füllen auf und schütteln um. Von dieser Lösung entnehmen wir dann mit der Pipette 20 cm^3, lassen in einen 200 cm^3 Titrierkolben auslaufen, fügen 1 cm^3 Salpetersäure 1.4, sowie mit der Pipette 50 cm^3 $n/_{10}$ $AgNO_3$-Lösung zu, erwärmen mit kleiner Flamme auf dem Drahtnetze bis zum Flocken des AgCl und titrieren schließlich mit einer $n/_{10}$ NH_4CNS-Lösung zurück, unter Verwendung von Eisenalaun als Indikator.

Nunmehr können wir die folgenden Gleichungen aufstellen:

x Grammole NaCl + y Grammole KCl = Gewicht der Chloride im Tiegel
x Grammatome Cl' + y Grammatome Cl' = bei der Titration gefundenes Cl'

oder, wenn wir das Gewicht der Chloride im Tiegel a und b das Gewicht des bei der Titration gefundenen Cl' nennen:

$$x \,.\, 58.46 \text{ g} + y \,.\, 74.56 \text{ g} = a$$
$$x \,.\, 35.46 \text{ g} + y \,.\, 35.46 \text{ g} = b$$

aus welchen beiden Gleichungen wir offenbar die beiden unbekannten Größen x und y ohne weiteres berechnen können, was übrigens auch noch in einem Beispiele weiter erläutert werden soll.

Um schließlich das im Analysengute vorhandene Karbonat zu fassen, versetzen wir eine angemessene Menge der Stammlösung — allenfalls

250 cm^3 — in einem 350 cm^3 Erlenmeyer-Kolben mit 25 cm^3 einer 10% blanken Lösung von Baryumzyanid in Wasser, setzen sofort einen gut passenden Gummistopfen auf und warten, bis sich die Trübung von $BaCO_3$ abgesetzt hat. Dann gießen wir die überstehende klare Flüssigkeit möglichst vollständig ab, den Rest samt dem Niederschlage spülen wir mit frisch ausgekochtem destilliertem Wasser auf ein 7 cm Weißband-Filter und waschen mit ebensolchem Wasser nach, bis es rein vom Filter abläuft, also rotes Lackmuspapier nicht mehr im geringsten verändert. Dann wirft man das Filter samt dem Niederschlage in einen 200 cm^3 Titrierkolben, setzt 25 cm^3 Wasser, sowie einige Tropfen Methylorange zu und weiter aus der Bürette etwa 10 cm^3 mehr n/2 Salzsäure, als zur Rotfärbung des Methylorange nötig ist, worauf man den unverbrauchten Überschuß mit n/2 Lauge zurücktitriert. 1 cm^3 n/2 Salzsäure zeigt 0.03455 g K_2CO_3, ferner 0.02650 g Na_2CO_3 und 0.01100 g CO_2 sowie 0.01500 g CO_3'' an.

Ein Beispiel.

Von einer dem Laboratorium zur Untersuchung vorgelegten stückigen Probe eines Zyankaliums oder Ersatzpräparates werden, nach raschem Zerkleinern im Mörser, 19.90 g zu 1000 cm^3 gelöst und zwar mit frisch ausgekochtem destilliertem Wasser.

Bei der Titration von 25 cm^3 dieser Stammlösung mit $^n/_{10}$ $AgNO_3$-Lösung Verbrauch:

a) 37.3 cm^3
b) 37.1 „
im Mittel 37.2 cm^3

daher, da 1 cm^3 anzeigt 0.005202 g CN', Gehalt der Ware an CN':

$$\frac{0.005202\ g \times 37.2 \times 40 \times 100}{19.90\ g} = 38.89\% \qquad 1)$$

Bei der Behandlung von 50 cm^3 Stammlösung zur Ermittlung von Cl':

Zur Fällung des Cl' zugesetzt	50.0 cm^3	$^n/_{10}$ $AgNO_3$-	Lösung
zurücktitriert mit	21.2 „	$^n/_{10}$ NH_4CNS-	„
Zur Fällung des Cl' verbraucht	28.8 cm^3	$^n/_{10}$ $AgNO_3$-	Lösung

daher, da 1 cm^3 anzeigt 0.003546 g Cl', Gehalt der Ware an Cl':

$$\frac{0.003546\ g \times 28.8 \times 20 \times 100}{19.90\ g} = 10.26\% \qquad 2)$$

Bei der weiteren Verarbeitung von 50 cm^3 Stammlösung gefunden:

$$x \,.\, 58.46\ g + y \,.\, 74.56\ g = 1.1292\ g \qquad 3)$$

$$x \,.\, 35.46\ g + y \,.\, 35.46\ g = 0.6532\ g \qquad 4)$$

woraus, da einige einfache Umformungen ergeben, daß allgemein ist:

$$y = 0.062112\,a - 0.102399\,b \tag{5}$$

$$x = \frac{b}{35.46} - y \tag{6}$$

im besonderen Falle also:

$$y = 0.062112 \,.\, 1.1292 - 0.102399 \,.\, 0.6532 \tag{7}$$

$$x = \frac{0.6532}{35.46} - y \tag{8}$$

ferner folgt:

$$x = 0.01517 \qquad\qquad y = 0.00325 \tag{9}$$

so daß vorhanden ist an K':

$$\frac{39.10\ g \times 0.00325 \times 20 \times 100}{19.90\ g} = 12.77\% \tag{10}$$

und an Na':

$$\frac{23.00\ g \times 0.01517 \times 20 \times 100}{19.90\ g} = 35.07\% \tag{11}$$

In den vorstehenden beiden Gleichungen 10) und 11) bedeutet 39.10 g das Grammatom K' und 23.00 g das Grammatom Na' — der Wert von b zu 0.6532 g in Gleichung 4) ergibt sich aus der Titration von 20 cm^3 der 100 cm^3 Lösung von 1.1292 Chloriden.

Schließlich wurden bei der Verarbeitung von 250 cm^3 der Stammlösung zur Titration des mit $Ba(CN)_2$ gefällten $BaCO_3$:

Zur Lösung des $BaCO_3$ zugesetzt	20.0 cm^3 $n/_2$ Säure
zurücktitriert mit	15.3 „ $n/_2$ Lauge
somit Verbrauch	4.7 cm^3 $n/_2$ Säure

daher Gehalt der Ware an CO_3'', da 1 cm^3 $n/_2$ Säure anzeigt 0.01500 g CO_3'':

$$\frac{0.01500\ g \times 4.7 \times 4 \times 100}{19.9\ g} = 1.42\% \tag{12}$$

Es ist also festgestellt worden, daß vorhanden sind:

	12.77% K'
	35.07 „ Na'
	38.89 „ CN'
	10.26 „ Cl'
	1.42 „ CO_3''
zusammen:	98.41%

Der Rest auf 100% entfällt — abgesehen von den unvermeidlichen Analysenfehlern — auf Verunreinigungen des Gutes durch Eisenverbindungen und andere Stoffe.

9. Nickelsulfat und Ammoniumnickelsulfat.

Auch vom Nickelsulfat, schwefelsaurem Nickel, Nickelvitriol oder grünem Vitriol — $NiSO_4 + 7\,H_2O$ — sowie von dem von dem älteren und dem jüngeren Pfanhauser in die Galvanotechnik eingeführten Ammoniumnickelsulfat oder Nickelammoniumsulfat — $(NH_4)_2Ni(SO_4)_2 + 6\,H_2O$ — können wir zur Bereitung und zur Pflege von Nickelbädern nur die besten Sorten gebrauchen. Es dürfen in der reinen und trockenen Ware bloß Spuren von Metallen vorhanden sein, die man aus saurer Lösung mit Schwefelwasserstoff fällen kann und ebenso nur Spuren von Chlorverbindungen, sowie von Eisensalzen.

Wir ziehen also wiederum aus der zu untersuchenden Lieferung eine ihrer Menge angemessene Mittelprobe und behandeln rund 100 g von ihr genau so, wie es auf S. 51 bei der Besprechung des Kupfervitriols beschrieben wird. Auf dem gewogenen Filter erfassen wir die unlöslichen Verunreinigungen des Gutes; im 1000 cm^3 Meßkolben haben wir eine blanke Lösung, die offenbar in 100 cm^3 rund 10 g Salz enthält.

Mit zwei solchen mit der Pipette entnommenen Posten von je 100 cm^3 führen wir sodann die Prüfungen auf Verbindungen des Chlors sowie des Eisens und des Aluminiums aus, ebenfalls nach den auf S. 51 gegebenen Anweisungen — eine dritte Probe von 100 cm^3 dagegen verdünnen wir in einem 300 cm^3 Erlenmeyerkolben mit 100 cm^3 Wasser, setzen 5 cm^3 konzentrierter Schwefelsäure zu, leiten 30′ einen flotten Strom von Schwefelwasserstoff ein und stellen für 2 h beiseite. Nach dieser Zeit soll auf dem Boden des Gefäßes überhaupt keiner oder höchstens eine ganz geringfügige Menge eines dunklen Niederschlages wahrnehmbar sein. Was ferner den Metallgehalt der Ware anbelangt, dessen Bestimmung manchmal ganz zweckmäßig sein mag, lassen wir der Stammlösung mit der Pipette entnommene 20 cm^3, entsprechend etwa 2 g Salz — das sind bei Nickelsulfat rund 0.4 g, dagegen bei Nickelammonsulfat rund 0.3 g Metall — in das Gläschen unseres Elektrolysierapparates laufen, setzen 10 cm^3 Wasser, 10 cm^3 stärkstes Ammoniak, sowie ein Löffelchen Ammonsulfat zu und arbeiten mit einem Strom von ungefähr 0.3 Amper, bis die anfangs blaue Lösung ganz farblos geworden ist. Daß wirklich alles Metall ausgefallen ist, erkennt man daran, daß einige mit einem Glasröhrchen auf einen Tiegeldeckel geschöpfte Tropfen der Flüssigkeit von Schwefelammonium nicht mehr dunkel gefärbt werden, worauf man mit zwei Gläschen mit reinem Wasser weiter verfahren kann, wie es auf S. 20 erläutert worden ist, um schließlich die getrocknete Netzkathode aufzuwiegen.

Wenn die angelieferte Ware nun aber auch allen den im Vorstehenden angeführten Proben entsprochen hat, muß sie noch die entscheidende bestehen, nämlich die, ob sich mit ihr ein in seiner Farbe und seinem sonstigen Verhalten entsprechender Niederschlag herstellen läßt. Man bereitet sich dazu ein einfaches Bad aus 40 g des zu untersuchenden Salzes und 3—4 g Borsäure, die man in einer tadellos reinen Schale in 500 cm^3 Wasser unter Erwärmen löst, wieder erkalten läßt und dann in einem passenden Glastroge zwischen einem Nickelstreifen als Anode und einem — selbstverständlich nicht nur blanken, sondern auch tadellos entfetteten — Eisenblechstreifen als Kathode mit einer Stromdichte von ungefähr 0.3—0.4 Amper elektrolysiert. Eine zweckmäßige Anordnung der Versuchsapparatur, die zu unserem unentbehrlichen Handwerkszeug gehört, erläutert Fig. 7. Der Nickelniederschlag muß auf dem Eisen rasch, gleichmäßig und schön „weiß" anfallen, wobei sich auch auf der von der Anode abgekehrten, der Glaswand zugekehrten Seite des Bleches keinerlei dunkle Streifen zeigen dürfen, was zum Beispiel sofort eintreten würde, wenn auch nur ganz geringe Mengen von Zinkverbindungen anwesend wären.

Ist auch dieser Versuch zur Zufriedenheit ausgefallen, so kann man die Ware ohne Sorge übernehmen — eines Beispieles zur weiteren Erläuterung unserer Darlegungen bedarf es wohl nicht!

10. Kupfersulfat.

Vom Kupfersulfat, schwefelsaurem Kupfer, Kupfervitriol oder blauem Vitriol — $CuSO_4 + 5\,H_2O$ — kommt für uns und zwar zunächst zur Bereitung galvanoplastischer Bäder, nur die beste Sorte in Betracht; sie muß frei von Chlorverbindungen sein und darf nur Spuren von Eisensalzen enthalten.

Bei der Prufung einer Lieferung zieht man auch hier eine Mittelprobe, indem man allen oder einem angemessenen Teil der Packungen ihrem Inhalte entsprechende Mengen entnimmt — etwa mit einer kleinen sauberen und trockenen Holzschaufel oder einem großen Hornlöffel — und sie in einer, selbstverständlich ebenfalls sauberen und trockenen Porzellanschale vermengt. Rund 150 g wägt man dann in einer auf der Wage stehenden tarierten Porzellanschale auf 0.2 g genau aus, löst sie gleich in dieser Schale, unter Erwärmen auf dem Drahtnetze mit kleiner

Flamme und langsamen Rühren mit einem Glasstabe, in 700 cm^3 Wasser, filtriert noch heiß durch ein 2 h bei 105° im Wägeglas im Schranke getrocknetes und gewogenes 9 cm Weißband-Filter in einen 1000 cm^3 Meßkolben und spült Schale und Filter mit heißem Wasser nach, bis der Kolben eben zur Marke voll ist. Das rein gewaschene Filter, auf dem sich die unlöslichen Verunreinigungen des Gutes befinden, gibt man in sein Wägeglas zurück, trocknet wiederum 2 h bei 105°, läßt das Glas samt seinem Inhalte dann offen im Exsikkator erkalten, nimmt es heraus, verschließt es sofort mit seinem Stopfen, stellt es neben die Wage und wiegt es nach etwa 30′ aus. Je feiner die Ware war und je sorgfältiger sie behandelt worden ist, desto weniger Holzspänchen, Staub und Schmutz werden selbstverständlich vorhanden sein. Den Kolben dagegen läßt man stehen, bis die Lösung von Kupfersulfat Zimmertemperatur angenommen hat, dann füllt man neuerdings auf und schüttelt gut um. 100 cm^3 enthalten offenbar rund 15 g des Analysengutes.

Man entnimmt also zweimal 100 cm^3 mit der Pipette, läßt in zwei 300 cm^3 Bechergläser auslaufen und gibt zu der einen Probe 100 cm^3 Wasser sowie 10 cm^3 Salpetersäure 1.4, erwärmt nahezu bis zum Sieden, fügt 5 cm^3 $^n/_{10}$ $AgNO_3$-Lösung hinzu, erwärmt unter öfterem Rühren mit dem Glasstabe noch weitere 30′ und stellt dann beiseite. Das allenfalls ausgeschiedene AgCl sammelt man nach dem Erkalten auf einem 5 cm Weißband-Filter, das man mit heißem, etwas mit Salpetersäure angesäuertem Wasser wäscht und schließlich laut S. 40 behandelt.

In die andere Probe dagegen läßt man 3—4 Tropfen Wasserstoffsuperoxyd fallen, fügt dann Ammoniak zu, bis zuerst entstandene Ausscheidungen wiederum gelöst sind und die Flüssigkeit blank dunkelblau geworden ist, worauf man 10′ bis nahe zum Sieden erhitzt. Nach dem Erkalten gießt man auch hier durch ein 5 cm Weißband-Filter ab, das man zunächst mit heißem Wasser auswäscht, worauf man die Metalloxyde laut S. 11 wiederum löst, ein zweitesmal fällt, wäscht, glüht und schließlich wägt. Allenfalls mag man nach S. 12 ermitteln, wieviel Fe_2O_3 und Al_2O_3 vorhanden sind.

Von weiteren Bestimmungen kann man in der Regel absehen — will man aber doch aus irgend einem Grunde den Kupfergehalt des Gutes bestimmen, so tut man dies mit 20 cm^3 der Stammlösung, entsprechend rund 3 g des Analysengutes oder etwa 0.76 g Kupfer. Man läßt diese mit der Pipette entnommene Menge in das Becherglas des Elektrolysierapparates auslaufen, fügt 20 cm^3 Wasser, sowie 3 Tropfen Schwefelsäure zu und verfährt im übrigen weiter laut S. 18 usw.

Von der Anführung eines Beispieles darf hier wohl abgesehen werden.

11. Zyankupfer- und Zyanzinkpräparate.

Die für den Galvanotechniker zum Ansetzen und zur Pflege zyankalischer Kupfer- und Messingbäder in Betracht kommenden wichtigsten Zyankupfer- und Zyanzinkverbindungen sind die folgenden:

Wissenschaftlicher Name	Handelsübliche Bezeichnung	Formel	In Wasser
Kupferzyanürzyanid	grünes Zyankupfer	$Cu(CN)_2(CuCN)_2 + 5H_2O$	unlöslich
Kupferzyanür	weißes Zyankupfer	$CuCN$	unlöslich
Tetrakaliumcuprocyanid	Zyankupferkalium	$K_4[Cu_2(CN)_6]$	löslich
Zinkzyanid	Zyanzink	$Zn(CN)_2$	unlöslich
Kaliumzinkzyanid	Zyanzinkkalium	$K_2[Zn(CN)_4]$	löslich

Dabei dürfen wir aber nun keineswegs erwarten, daß die Zusammensetzung der unter den vorstehenden handelsüblichen Bezeichnungen angebotenen Präparate tatsächlich genau den ausgewiesenen Formeln entspricht — am ehesten wird dies noch bei den in Wasser unlöslichen der Fall sein, während bei der heute üblichen Herstellungsweise der in Wasser löslichen komplexen Salze es eben unvermeidlich ist, daß unter dem Namen „Zyankupferkalium“ und „Zyanzinkkalium“ nicht reines Tetrakaliumcuprocyanid und Kaliumzinkzyanid, sondern Mischungen dieser Substanzen mit anderen Salzen in den Handel kommen. Diese anderen Salze dürfen nur keine schädlichen Wirkungen haben — darauf muß eben die Firma bedacht sein, welche die Waren erzeugt — so daß es für uns genügt, uns hiervon zu überzeugen und dann bloß noch den Metallgehalt der Ware festzustellen; bei den in Wasser unlöslichen Zyankupfersorten und dem ebenso unlöslichen Zyanzink werden wir überhaupt nichts anderes tun.

Beschäftigen wir uns zunächst damit!

Was die Gewinnung von Mittelproben anbelangt, bedarf es wohl nach dem über diesen Gegenstand nunmehr bereits des öfteren ausführlich Gesagten wohl keiner weiteren Erläuterungen mehr — zur Bestimmung des Metallgehaltes wägen wir also von der selbstverständlich genügend zerkleinerten, sowie durchgesiebten Mittelprobe im Wägegläschen eine solche Menge ab, daß sie ungefähr 0.3—0.4 g Metall entspricht, leeren in eine tadellose flache Porzellanschale von 10 cm Durchmesser, spülen allenfalls mit höchstens 10 cm³ Wasser nach, stellen die Schale auf das Wasserbad im Abzuge, legen ein Uhrglas so auf, daß der Ausguß der Schale frei bleibt, und gießen durch diesen eine Mischung von 5 cm³ Salpetersäure 1.4 und 10 cm³ konzentrierter Salzsäure ein. Ist die

Reaktion vorüber, so nimmt man das Uhrglas weg, spritzt es mit Wasser ab und dampft den Inhalt der Schale ein. Den trockenen Rückstand durchfeuchtet man vorsichtig mit etwa 3—4 cm^3 konzentrierter Schwefelsäure und stellt die Schale wiederum zunächst auf das Wasserbad und dann auf das Sandbad, bis sich die bekannten schweren weißen Nebel von Schwefelsäureanhydrid — SO_3 — zeigen, worauf man die Schale vom Sandbade abnimmt und im Herde erkalten läßt. Handelt es sich nun um die Untersuchung eines Kupferpräparates, so gibt man zu den Sulfaten etwa 20 cm^3 Wasser, wobei eine klare Lösung entstehen soll, die man längs eines Glasstabes in das Bechergläschen des Elektrolysierapparates fließen läßt. In ihm mögen sich nach dem Spülen der Schale und des Glasstabes etwa 60—70 cm^3 Flüssigkeit ansammeln, mit der man dann, nach Zugabe einiger Tropfen Salpetersäure 1.4, in der auf S. 18 beschriebenen Art verfährt, um das Kupfer an der gewogenen Netzkathode zu erfassen und allenfalls in der entkupferten Lösung dann noch andere etwa vorhandene Schwermetalle festzustellen, so wie es auf S. 20 erläutert worden ist. Sollten sich aber die auf S. 28 angedeuteten Schwierigkeiten zeigen, so bleibt uns auch hier nichts übrig, als den ebendort gewiesenen Weg zu gehen. War dagegen ein Zinkpräparat zu untersuchen, so verfährt man nach den Vorschriften der S. 20, das heißt, man fällt die Hydroxyde des Eisens und des Aluminiums aus und erfaßt in der von diesen Metallen befreiten Lösung dann das Zink als Ammoniumzinkphosphat, $Zn(NH_4)PO_4$, um schließlich Zinkpyrophosphat, $Zn_2P_2O_7$, zu wägen.

Haben wir uns also vergewissert, daß der Metallgehalt der angelieferten Ware ein entsprechender ist, so werden wir, wenn es sich um eine Zyankupfersorte oder ein Zyanzink handelt, wie schon früher bemerkt, in der Regel überhaupt keine weiteren Proben mehr machen — höchstens die, ob aus dem in Wasser unlöslichen Präparate denn auch mit Zyankalium eine in Wasser vollständig lösliche Verbindung entsteht, wozu es genügt, rund 10 g fein zu zerreiben, sie mit 100 cm^3 Wasser in einer Porzellanschale anzurühren, dann 20 g Zyankalium zuzugeben, die Mischung — zur Sicherheit im Abzuge — 20′ auf dem Wasserbade zu erwärmen und nach dem Erkalten noch weitere 100 cm^3 Wasser beizufügen, worauf kein nennenswerter Bodensatz verbleiben soll. Bei der Prüfung von Zyankupferkalium und Zyanzinkkalium jedoch, die selbstverständlich an sich, ohne besonderen Zusatz, in Wasser löslich sein müssen, überzeugen wir uns noch von ihrer Eignung für unsere Zwecke, indem wir einfach nach einer zuverlässigen Vorschrift aus ihnen ein Kupfer- oder ein Messingbad bereiten und dann dieses auf Streifen von

Eisenblech in dem auf S. 71 beschriebenen Apparate erproben. Wir mögen zum Beispiel nach dem Handbuche von Pfanhauser[1]) ansetzen:

Kupferbad.

Man löst·

a) 10 g wasserfreies Natriumkarbonat (Ammoniaksoda) und 20 g wasserfreies Natriumsulfat in 750 cm^3 Wasser im Badgefäß,

b) 20 g saures schwefligsaures Natrium in 100 cm^3 Wasser von etwa 50°,

gießt b) zu a) und rührt um, bis das Aufbrausen aufgehört hat, löst ferner

c) 30 g Zyankupferkalium und 1 g Zyankalium in 150 cm^3 Wasser von etwa 50° C

und gießt auch c) unter Umrühren in das Badgefäß, worauf man erkalten läßt.

Badspannung bei 15 cm Elektrodenentfernung für Eisen um 2.7 Volt.

Messingbad.

Man löst:

a) 14 g wasserfreies Natriumkarbonat und 20 g wasserfreies Natriumsulfat in 750 cm^3 Wasser im Badgefäß,

b) 20 g saures schwefligsaures Natrium in 100 cm^3 Wasser von etwa 50°,

gießt b) zu a) und rührt um, bis das Aufbrausen aufgehört hat, löst ferner

c) 20 g Zyankupferkalium, 20 g Zyanzinkkalium und 1 g Zyankalium in 150 cm^3 Wasser von etwa 50°,

gießt auch c) unter Umrühren in das Badgefäß, setzt 2 g Ammoniumchlorid zu und läßt erkalten.

Badspannung bei 15 cm Elektrodenentfernung um 2.7 Volt.

12. Silber- und Goldpräparate.

Von Silberverbindungen kommt für den Galvanotechniker vor allen anderen das salpetersaure Silber oder Silbernitrat — $AgNO_3$ — im Handel auch „Lapis“ oder „Höllenstein“ genannt, in Betracht. Es wird meist in farblosen Kristallen geliefert, manchmal geschmolzen als runde Stängelchen und es ist ohne Schwierigkeit fast chemisch rein, also nahezu mit einem Gehalt von 63.5 % Edelmetall zu haben. Diesen läßt

[1]) Pfanhauser, Die elektrolytischen Metallniederschläge, Berlin bei Springer 1922, S. 409 und S. 427.

man sich jedenfalls gewährleisten und prüft ihn in einer angemessenen Mittelprobe, die man aus einer entsprechenden Anzahl der Packungen mit einem Porzellan- oder Hornlöffel zieht, um dann 15—16 g von ihr in einem Wägeglase genau auszuwiegen, im 1000 cm^3 Meßkolben mit destilliertem Wasser zu 1 l zu lösen und schließlich zwei mit der Pipette entnommene Anteile von 25 cm^3 laut S. 40 mit $n/_{10}$ NH_4CNS-Lösung zu titrieren. Weitere Untersuchungen sind an einem von einer ernst zu nehmenden Firma gelieferten Gute ganz überflüssig — zu bemerken wäre vielleicht nur, daß aus ihm mit destilliertem Wasser ohne weiteres eine blanke, farblose Lösung entstehen muß.

Während es nun früher die Regel war, daß der Galvanotechniker sich aus Zyankalium und Chlorsilber oder Zyansilber, welch letztere Stoffe er wiederum aus Silbernitrat gewann, seine Silberbäder selbst herstellte, ist man heute sogar in großen Betrieben schon davon abgegangen. Auch für das Ansetzen solcher Elektrolyte werden nämlich heute vorzügliche Präparate angeboten, die man bloß in der nötigen Menge in Wasser zu lösen braucht, um dann gleich mit der Arbeit beginnen zu können. Was wir später auf S. 68 über die Untersuchung solcher Erzeugnisse gesagt finden, gilt auch hier: es ist viel zweckmäßiger, sich durch praktische Versuche davon zu überzeugen, ob das „Salz“ das hält, was die liefernde Firma verspricht, als überflüssige Forschungen über seine Zusammensetzung anzustellen. Wir werden zum Beispiel, wenn es sich um das Versilbern von Bestecken handelt, mit dem Salze einfach ein Bad von etwa 10 l nach der erhaltenen Vorschrift ansetzen und es dann auf einzelnen Gabeln oder Löffeln ausprobieren, worauf wir darauf Bedacht nehmen, es auch mit Stücken aus schwierig zu versilbernden, viel Nickel enthaltenden Legierungen zu versuchen. Wenn diese dann mit der vorgeschriebenen Silberauflage das Kratzen und das Polieren mit dem Stahl aushalten, mag man beruhigt sein. Daß bei einem „Salz“ für die Bereitung von Silberbädern für seinen Gehalt an Edelmetall Gewähr geleistet werden muß, ist wohl selbstverständlich und außerdem wird man sich erkundigen, wieviel „freies“ Zyankalium (vergl. S. 87) vorhanden ist, um es dann später auf der richtigen Einstellung erhalten zu können.

Wir wägen also, um den Gehalt an Silber und den an freiem Zyankalium zu prüfen, von einer Mittelprobe des Gutes eine solche Menge im verschlossenen Wägeglase ab, daß nach ihrer Lösung im 500 cm^3 Meßkolben, Auffüllen zur Marke und Umschütteln, 25 cm^3, die man mit einer Pipette der auf S. 44 beschriebenen Form entnimmt, 0.2—0.3 g Silber enthalten. Diese 25 cm^3 läßt man in ein 200 cm^3 Becherglas auslaufen, fügt 25 cm^3 Wasser zu, sowie einige Tropfen Methylorange, legt eine Uhrschale so auf, daß der Ausguß des Glases frei bleibt, stellt es über eine kleine Flamme auf ein Drahtnetz im Abzuge und läßt aus einem Meßgläschen beim Ausgusse rasch etwa 2 cm^3 mehr an Salpetersäure 1.4 zulaufen als bis zur dauernden Rotfärbung des Methylorange nötig ist. Wenn der Inhalt des Becherglases zu sieden beginnt, ist bestimmt auch alle Blausäure entwichen, so daß man das Gefäß aus dem Herde nehmen, seine Wände und die Uhrschale abspritzen und nach Zugabe von weiteren 50 cm^3 Wasser und 2—3 cm^3 Salzsäure nunmehr am Tische auf dem Drahtnetze erwärmen kann, bis sich das ausgeschiedene Zyansilber und Chlorsilber geballt hat und die Flüssigkeit klar über dem Bodenkörper steht. Dann filtriert man ab und arbeitet zunächst genau nach der auf S. 40 gegebenen Anweisung weiter, bis zur Gewinnung des reduzierten Silbers, jedoch kann man sich die Wägung des Tiegels ersparen. Der Regulus, den man bei der Analyse eines solchen Salzes oder auch eines Silberbades gewinnt, ist nämlich wohl niemals rein, sondern enthält stets Einschlüsse, die man deutlich wahrnimmt, wenn man ihn löst. Man tut dies, indem man den Tiegel in ein 150 cm^3 Bechergläschen stellt, ihn hier mit einer Mischung von 7 cm^3 Salpetersäure 1.4 mit 3 cm^3 Wasser füllt, ein Uhrglas auflegt und, wenn sich alles Silber gelöst hat, 70 cm^3 Wasser sowie einige Tropfen Eisenalaun zufügt, mit einem Glasstab umrührt und mit n/10 NH_4CNS-Lösung austitriert.

Zur Bestimmung des „freien“ Zyankaliums entnimmt man mit einer Pipette laut Fig. 5, S. 44, der Stammlösung schließlich einen solchen Posten, daß man zu seiner Prüfung mit n/10 $AgNO_3$-Lösung nach den Darlegungen der S. 44 etwa 20—25 cm^3 Titerflüssigkeit verbraucht. —

Wenden wir uns nun den Goldpräparaten zu. Die für den Galvanotechniker zunächst wichtigen Verbindungen sind die Goldchloridchlorwasserstoffsäure — $HAuCl_4 + 4\,H_2O$ — und das Goldchlorid — $AuCl_3$. Wegen ihrer Herstellung im eigenen Betriebe sei auf die Ausführungen der S. 41 verwiesen — kauft man „Chlorgold“, so muß man sich seinen Gehalt an Edelmetall angeben und für ihn Gewähr leisten lassen; was nämlich unter diesem Namen mit verschiedenen Sortenbezeichnungen für unsere Zwecke in den Handel kommt, ist kaum jemals ein Stoff, dessen Zusammensetzung genau einer der angeführten Formeln entspricht. Will man also ein Chlorgold auf seinen Gehalt an Edelmetall prüfen, so wiegt man zwei Proben von je etwa 1 g des zu untersuchenden Präparates, das aber zum Schutze vor Luftfeuchtigkeit unbedingt in einem gut verschlossenen Gefäße verwahrt gewesen sein muß, in Wägegläsern mit aufgesetzten Stopfen genau ab, löst in zwei 100 cm^3 Erlenmeyerkolben mit je 25 cm^3 Wasser und einige Tropfen Salzsäure und verfährt weiter genau so, wie es auf S. 42 beschrieben ist.

Außer den erwähnten Goldverbindungen nun werden heute übrigens auch gute Präparate angeboten, die das Gold bereits als Kaliumgoldzyanür — $K[Au(CN)_2]$ — und Kaliumgoldzyanid — $K[Au(CN)_4] + {}^3/_2\,H_2O$ — enthalten und die man nur mit der entsprechenden Menge Wasser aufzulösen braucht, um nach Beifügen der im besonderen Falle sonst noch nötigen Zusätze zu einem gebrauchsfertigen Goldbade zu kommen. Auch bei ihnen muß selbstverständlich der Gehalt an Edelmetall angegeben werden. Wir prüfen ihn, indem wir wiederum zwei Proben von je etwa 1 g in verschlossenen Gläschen genau abwägen und die Inhalte dieser Gläschen dann mit je 15 cm^3 Schwefelsäure 1 h lang in zwei Goldscheidekölbchen (vergl. S. 43) kochen. Nach dieser Zeit ist bestimmt das sehr beständige Goldzyanür — AuCN — zerstört, so daß man erkalten lassen, die Kolben vorsichtig mit Wasser füllen und weiter verfahren kann, wie es auf S. 43 erläutert worden ist, das heißt, man gießt zunächst die verdünnte Säure aus den Kolben recht vorsichtig ab, damit nicht kleine Goldteilchen verloren gehen — zur Sicherheit in weiße Porzellanschalen, um etwa doch mitgeschwemmte Stückchen wahrnehmen und erfassen zu können. Dann spült man die Edelmetallausscheidungen mit dem Strahle der Spritzflasche auf zwei kleine Weißband-Filter, wäscht sie hier sorgfältig mit heißem Wasser und verascht die Filter naß in gewogenen Porzellantiegeln, die man schließlich einige Minuten glüht und auswägt.

III. Säuren.

13. Schwefelsäure.

Eine analytische Prüfung der Schwefelsäure — für uns kommt lediglich die technische Säure, 66° B und die reine Säure gleicher „Grädigkeit" zum Einstellen von Bädern in Betracht — findet in einer galvanotechnischen Werkstätte für gewöhnlich nicht statt. Es genügt, das angelieferte Gut zu „spindeln", das heißt, es mit dem Aräometer, der „Senkwage", zu untersuchen, wobei man sich der Tabelle der SS. 109—112 bedient.

14. Salpetersäure.

Das soeben Gesagte gilt auch für Salpetersäure. Für die Brennen wird man in der Regel technische Säure, 36° B, beziehen, für das Laboratorium chemisch reine Säure der Dichte 1.4, sowie sogenannte „rauchende" Säure.

15. Salzsäure.

Auch bei der Salzsäure für den Betrieb — meist ist sie ein Gut von 22° B — genügt die Feststellung der Grädigkeit zur Beurteilung ihres

Wertes. Allenfalls kommt, ebenso wie bei der technischen Schwefelsäure, noch der Nachweis in Betracht, daß sie keine unzulässigen Mengen von Arsenverbindungen enthält, welche, als sehr giftiger Arsenwasserstoff entweichend, die Arbeiter, die bei den mit Salzsäure bereiteten Beizen arbeiten, an der Gesundheit schädigen können. Wegen entsprechender Arbeitsgänge sei auf die am Schlusse unseres Buches angeführten Werke über analytische Chemie verwiesen.

IV. Verschiedene Stoffe.

16. Bienenwachs.

Wohl wenige Güter werden in einer so durchtriebenen Weise verfälscht wie das Bienenwachs, von dem nur die gelbe, ungebleichte Natursorte zur Herstellung von galvanoplastischen Abformungsmassen für uns in Betracht kommt.

Die Zusätze, die oft schon am Orte der Gewinnung gemacht werden, sind für gewöhnlich Paraffin oder Zeresine, das ist gebleichtes Erdwachs oder Ozokerit, Stearinsäure, Rindstalg und Kolophonium. Wir lassen uns deshalb stets beim Einkaufe „analysenreine Ware" gewährleisten, versäumen aber dann trotzdem nicht, die im folgenden beschriebenen Proben vorzunehmen, die uns die „handelsüblichen" Verfälschungen meistens aufzeigen.

Wir schlagen also von den angelieferten Stücken oder „Broten" mit einem scharfen, schweren Messer Brocken von der Größe eines kleinen Hühnereies ab und schmelzen sie in einer passenden, vorher gewogenen Porzellanschale, die auf dem Drahtnetze über einer kleinen Flamme steht, zusammen, wobei wir die Flamme so regeln, daß ein mit der Schale mitgewogenes Thermometer, mit dem wir ständig umrühren, etwa 110—120° zeigt. Wir setzen dieses Erwärmen und Rühren fort, bis alles etwa vorhandene Wasser entwichen ist und das Prasseln aufhört, worauf wir erkalten lassen, wieder wägen und so den Gewichtsabgang durch die vertriebene Feuchtigkeit erfahren. Gleichzeitig konnten wir auch wahrnehmen, ob das Schmelzgut klar gewesen ist oder nennenswerte Mengen von „Beschwerung" enthalten hat, in welchem Falle wir unsere Arbeit gar nicht fortsetzen, sondern die Ware gleich zurückweisen. War aber eine solche Beschwerung nicht vorhanden, dann schmelzen wir den Inhalt der Schale neuerlich, erwärmen ihn wiederum auf etwa 120° und gießen ihn längs eines Glasstabes durch ein Papierfilter von etwa 15 cm Durchmesser, das in einem sogenannten Heißwasser- oder Heißluft-Trichter sitzt, in eine unter dem Trichter stehende Schale, bis wir für unsere weiteren Versuche genügend Mittelprobe beisammen haben.

Dieser Mittelprobe entnehmen wir dann zunächst mit einem etwas angewärmten Messer kleine Schnitzel, die wir in einem auf 0.01 g genau gewogenen weithalsigen Titrierkolben von 200 cm^3 Inhalt bringen, worauf wir ihn, wenn sich in ihm etwa 5 g befinden, neuerlich auf 0.01 g auswägen, 50 cm^3 absoluten Alkoholes einfüllen, der vorher mit $^n/_{10}$ Lauge unter Verwendung von Phenolphtalein als Indikator genau neutralisiert worden ist, den Rückflußkühler aufsetzen und mit kleiner Flamme zum gelinden Sieden erhitzen. Nach etwa 15′ nehmen wir den Kolben ab, setzen seinem Inhalte noch 5 Tropfen Phenolphtalein-Lösung zu und dann aus einer Bürette unter stetem Umschwenken recht flott etwa $^n/_{10}$ alkoholische Lauge bis zur ersten deutlichen Rotfärbung. Die Anzahl Milligramme Ätzkali — KOH — die solchermaßen zur Neutralisation von je 1 g Wachs verbraucht worden sind, nennt man dessen „Säurezahl".

Nun lassen wir 25 cm^3 etwa $^n/_2$ alkoholischer Lauge zufließen — der stark alkalische Inhalt des Kolbens färbt sich vom Phenolphtalein dunkelrot — und kochen weitere 2 h am Rückflußkühler, wobei wir gleich beobachten, ob sich das Analysengut klar löst oder wie Öl aussehende, ungelöst bleibende Tropfen umherrollen, die fast sicher auf die Anwesenheit von Paraffin oder Zeresine schließen lassen. Nach 2 h nehmen wir also den Kolben ab und titrieren seinen Inhalt noch heiß mit etwa $^n/_2$ Säure zurück; die Anzahl der Milligramme KOH, die nunmehr für je 1 g Wachs verbraucht worden sind, nennt man die „Esterzahl" oder „Ätherzahl" des Wachses, und die Summe der Säurezahl und der Esterzahl heißt die „Verseifungszahl". Ihre Bestimmung ist deshalb wichtig, weil die Säure- und die Verseifungszahl bei reinem Bienenwachs stets ziemlich gleichbleibende Größen sind und zwar liegt die Säurezahl zwischen 17.5 und 23.0 und die Verseifungszahl zwischen 90.0 und 98.5. Es ist nun klar, daß ein fremder Zusatz diese Größen ändert — in welcher Richtung, ergibt sich wohl ohne weitere Erläuterungen aus der folgenden Zusammenstellung:

	Säurezahl:	Verseifungszahl:
Paraffin und Zeresine . . .	0	0
Stearin	195—210	195—210
Kolophonium	146—171	167—194
Talg	—	190—198

Ferner folgt aber aus dieser Zusammenstellung, wenn man sich die Sache etwas genauer überlegt, daß ein geschickter Fälscher es offenbar in der Hand hat, mit Hilfe mehrerer fremder Zusätze — zum Beispiel von Paraffin und Stearin und Talg — ein Wachs so zu verschneiden, daß es trotz seiner Unreinheit die richtige Säure- und Verseifungszahl aufweist. Wir müssen also neben der Feststellung dieser „Kennzahlen" auch noch einige andere Proben vornehmen und zwar die nach Weinwurm auf Paraffin, ferner die nach Fehling-Röttgers auf Stearinsäure und schließlich die Probe von Liebermann-Storch-Morawski auf Harz.

Beim Verfahren nach Weinwurm werden rund 5 g des getrockneten und filtrierten Wachses mit 35 cm³ etwa $^n/_2$ alkoholischer Kalilauge verseift und zwar durch 2 h langes Kochen in einem 150 cm³ weithalsigen Titrierkolben mit aufgesetztem Rückflußkühler. Sodann wird der Alkohol durch Aufstellen des offenen Kolbens auf das Wasserbad vollständig vertrieben, 20 cm³ reines wasserfreies Glyzerin zugesetzt und unter Erwärmen im Wasserbade mit einem kleinen Glasstabe gerührt bis klare Lösung eingetreten ist. Schließlich fügt man 100 cm³ siedendes Wasser zu und rührt nochmals kräftig durch. War das Wachs frei von „Neutralstoffen", wie Paraffin oder Zeresine und auch frei von Harz, so erhält man eine ganz klare oder doch blos etwas milchig opalisierende Lösung. Tritt dagegen eine starke weiße Trübung ein oder zeigen sich gar flockige Ausscheidungen, so waren, wenn sich schon kein Harz nachweisen läßt, doch zumindesten Neutralstoffe als absichtlich gemachte Zusätze vorhanden. Auf Harz prüft man, indem man die Fehling-Röttgers-Proben, von denen gleich die Rede sein wird, in einem Porzellanschälchen von 6—7 cm Durchmesser auf dem Wasserbade eindampft, den Rückstand mit etwa 0.5 cm³ Essigsäureanhydrid unter vorsichtigem Erwärmen über einer ganz kleinen Flamme aufnimmt und nach dem Erkalten vorsichtig verdünnte Schwefelsäure der Dichte 1.53 zufließen läßt. Wenn Harz vorhanden ist, nimmt man eine eigentümliche blauviolette Färbung wahr, deren Ton man sich am besten durch einige Übungsversuche einprägt.

Zur Probe auf Stearinsäure nach Fehling-Röttgers behandelt man in zwei nicht zu kleinen Epruvetten je 5 g Wachs in je 18 cm³ einer Mischung von 85 Raumteilen 96% Alkoholes mit 19 Raumteilen Wasser durch wiederholtes Eintauchen in das siedende Wasserbad bei öfterem Schütteln unter Aufdrücken der Daumen auf die Öffnungen der Epruvetten, bis das Wachs geschmolzen ist und sich in kleinen Tropfen in der Flüssigkeit verteilt hat. Dann stellt man für 4 h beiseite und filtriert hierauf die Inhalte der beiden Gefäße durch kleine Filter in zwei 100 cm³ Meßgläschen, in denen man schließlich die gewonnenen Filtrate — in der Regel werden es je 14 bis 15 cm³ sein — mit den fünffachen Mengen Wasser verdünnt. Tritt keine nennenswerte Trübung oder Ausflockung ein, so war das untersuchte Gut frei von Stearinsäure.

Beispiel.

Dem Laboratorium kommen drei Scheiben gelben Wachses von rund 12 cm Durchmesser und etwa 0.5 cm Dicke zu, die als Bemusterung eines

Angebotes eingegangen sind. Sie werden laut S. 58 behandelt, wobei eine klare, nicht prasselnde Schmelze entsteht, die also frei von Wasser ist und nicht filtriert zu werden braucht.

Zur Bestimmung der Säure- und der Verseifungszahl eingewogen . . . . 4.98 g

zur Säurezahl verbraucht	0.1127 n Lauge	11.8 cm^3
„ Verseifung weiter zugesetzt	0.4782 „ „	25.0 „
zurücktitriert mit	0.5107 „ Säure	13.4 „

daher, da 1 cm^3 0.1127 n Lauge entspricht:

$$\frac{56.11\ g \times 0.1127}{1000} = 0.006324\ g\ KOH$$

1 cm^3 0.4782 n Lauge weiter:

$$\frac{56.11\ g \times 0.4782}{1000} = 0.026832\ g\ KOH$$

und 1 cm^3 0.5107 n Säure schließlich:

$$\frac{56.11\ g \times 0.5107}{1000} = 0.028655\ g\ KOH$$

ist offenbar die Säurezahl:

$$\frac{0.006324\ g \times 11.8 \times 1000}{4.98\ g} = 14.98 \qquad 1)$$

die Ätherzahl:

$$\frac{[(0.026832\ g \times 25.0) - (0.028655\ g \times 13.4)] \times 1000}{4.98\ g} = 57.60 \qquad 2)$$

daher die Verseifungszahl: 72.58 3)

Säure und Verseifungszahl sind also beide stark gedrückt, was auf einen Zusatz von Paraffin oder Zeresine schließen läßt, deren Vorhandensein denn dann auch die Prüfung nach Weinwurm bestätigt, während Stearinsäure und Harz nicht nachzuweisen sind.

Selbstverständlich zeigen uns — was nochmals betont sei — die nunmehr erläuterten Proben nur die gewöhnlichen Verfälschungen normaler Wachssorten auf; sie genügen zum Beispiel nicht bei der Untersuchung auf Zusätze von indischem Bienenwachs, Japan- und Carnaubawachs.

Ein Leser, der an dem Gegenstande Anteil nimmt und sich noch eingehender mit ihm befassen will, sei auf das Bücherverzeichnis am Schlusse des Werkes verwiesen.

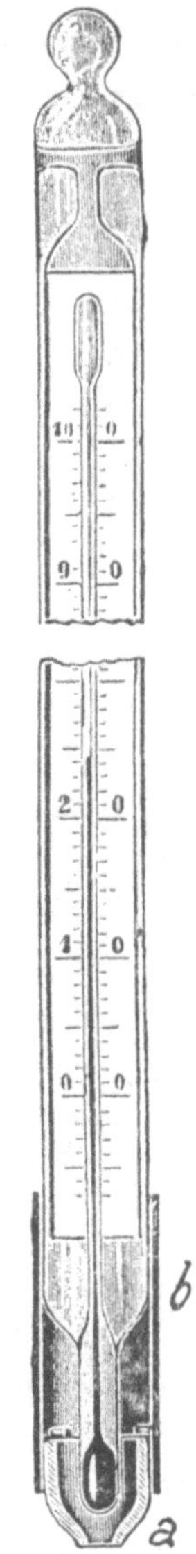

Fig. 6.
a) Glasnippel
b) Metallhülse

17. Talg und Stearin.

Diese bekannten Erzeugnisse der Verarbeitungsstätten tierischer Fette dienen uns ebenfalls bei der Herstellung galvanoplastischer Formmassen. Zu bemerken ist, daß technisches Stearin ein Gemenge von Palmitinsäure und Stearinsäure mit wenig Ölsäure ist, zu welchen Stoffen allenfalls noch Isoölsäure, Stearolaceton und Oxystearinsäure kommen können.[1]) Aus solchem technischen Stearin bereitetes „Kerzenstearin“ enthält häufig noch Zusätze von Paraffin, Zeresine, Kokosöl und Carnaubawachs.

Beim Einkaufe für unsere Zwecke verfahren wir am einfachsten so, daß wir uns die angebotene Ware bemustern lassen, mit dem Muster zunächst eine Formmasse ansetzen und zusehen, ob sie uns entspricht. Ist dies der Fall, dann legen wir die Verseifungszahl — bei Talg liegt sie zwischen 190 und 198 — sowie den Erweichungs- und den Tropfpunkt des Musters im Apparate von Ubbelohde nach S. 63 fest und prüfen nach Eingang der Ware, ob sie die gleichen Kennzahlen hat wie das Muster.

18. Paraffin und Zeresine.

Die verschiedenen im Handel üblichen Sorten von Paraffinen sind Erzeugnisse, die entweder beim Verschwelen von Braunkohlen oder bei der Verarbeitung des Erdöles gewonnen werden. Für uns, zur Herstellung von Formmassen für die Galvanoplastik, kommt nur reines, weißes „Hartparaffin“ in Betracht, dessen „Tropfpunkt“ möglichst hoch sein soll.

Diesen Tropfpunkt, nach dem man kauft und für den man sich Gewähr geben läßt, bestimmt man mit dem Apparate nach Ubbelohde. Zu dem Behufe entnimmt man dem angelieferten Gute zunächst eine angemessene Mittel-

---

[1])	Formel:	Molgewicht:	Säurezahl = Verseifungszahl:	Schmelzpunkt:
Palmitinsäure:	$C_{16}H_{32}O_2$	256.3	218.9	62°
Stearinsäure:	$C_{18}H_{36}O_2$	284.3	197.4	71°
Ölsäure:	$C_{18}H_{34}O_2$	282.3	198.8	14°

Die Figur 6 ist nicht ganz einwandfrei, denn nach den Angaben Ubbelohdes muß der untere Rand des Glasteiles a wulstförmig sein und nicht eben abgeschliffen.

probe, indem man von den einzelnen Tafeln oder Blöcken wie beim Bienenwachs mit einem schweren Messer abgehauene Stücke etwa von der Größe einer Nuß in einer reinen Porzellanschale unter Rühren mit einem Glasstabe zusammenschmilzt. Dann füllt man mit einem Glasrohre, welches man in die Schmelze eintaucht und hierauf am oberen Ende mit dem Finger verschließt, den auf eine Glasplatte gestellten Teil a des Apparates Fig. 6, das Paraffin erstarrt rasch — man setzt, solange es noch warm ist, das Stück a in die Haltehülse b, so daß das Gefäß des Thermometers in die weiche Masse eingedrückt wird, säubert das Äußere des kleinen Glasteiles a, streicht insbesondere mit einem Messer das unten aus ihm herausgequollene Paraffin ab und hängt schließlich den Apparat in ein kleines Luftbad, dessen Temperatur man allmählich steigert und zwar um etwa 4—5° in der Minute. Die Temperatur, bei welcher sich aus a das wieder erweichte Paraffin vorwölbt, heißt dessen „Erweichungspunkt", die Temperatur, bei welcher der erste Tropfen abfällt, der „Tropfpunkt nach Ubbelohde".

Ein dem Paraffin nahe verwandter Stoff ist die Zeresine, hergestellt durch Reinigen und Bleichen des in den Erdölgebieten Polens gewonnenen Erdwachses oder Ozokerites. Es ist weniger durchscheinend, mehr milchweiß als Paraffin, mit dem verschnitten es gewöhnlich in den Handel kommt.

Zeresine wird nach seiner Reinheit, Farbe und dem Tropfpunkte gehandelt, den man genau so im Apparate nach Ubbelohde bestimmt, wie wir es beim Paraffin erläutert haben.

19. Guttapercha.

Die Guttapercha benützen wir zur Herstellung elastischer Massen zum Abformen „unterschnittener" Modelle. Sie ist der eingetrocknete und mit Wasser durchgeknetete Milchsaft südasiatischer Bäume. Die rohe Gutta enthält Holzsplitter und Steine; sie wird mit Hilfe von Maschinen gereinigt und in verschiedenen Formen, meist kleinen Laiben, in den Handel gebracht. Reine Ware ist ein grauweißes, bei gewöhnlicher Temperatur zähes, in der Wärme weiches und plastisches Gut.

Eine Anleitung zur Untersuchung der Guttapercha würde uns über den Rahmen dieses Buches hinausführen — bei Bestellung müssen wir uns eben an eine verläßliche Firma halten, uns die angebotene Sorte bemustern lassen, mit dem Muster zuerst praktische Versuche anstellen, ob es uns entspricht und wenn dies der Fall ist, die angelieferte Ware in gleicher Art durch praktische Versuche auf ihre Verwendbarkeit prüfen.

20. Graphit.

Das soeben Gesagte gilt auch beim Einkaufe von Graphit, den wir dazu benützen, galvanoplastische Formen leitend zu machen. Es hat keinen Zweck, in der uns angebotenen Ware etwa die Asche und den Kohlenstoff zu bestimmen — ob sie für uns verwendbar ist, müssen praktische Versuche mit dem vorgelegten Muster entscheiden, welchem Muster die angelieferte Ware dann selbstverständlich entsprechen soll.

B. Die Untersuchung und die Erprobung der Bäder.

I. Neutrale und schwach saure Bäder.

1. Saure Zinkbäder.

Es ist noch gar nicht so lange her, daß die elektrolytische Verzinkung eine heißumstrittene Angelegenheit war und die Fachleute andauernd in Atem gehalten hat. Heute hat sie sich, insbesondere im Großbetriebe, zum Beispiel bei der Ausfertigung von Drähten, Blechbändern, Röhren und Eisenbarrels, ihren festen Platz erobert, denn wir verfügen nunmehr über Bäder, die bei richtiger Behandlung wohl allen billigen Anforderungen entsprechen. Die weitaus weniger wichtigen alkalischen Ansätze, mit denen wir uns später nur kurz zu befassen brauchen (S. 82), dienen wegen ihrer guten „Streuung“ vor allem zur Bearbeitung stark „profilierter“ Gegenstände, sowie zum „Vordecken“; die „sauren“ Elektrolyte dagegen, von denen jetzt die Rede sein soll, verwenden wir insbesondere bei den soeben erwähnten Fabrikarbeiten. In der Regel werden sie einfach aus Zinksulfat — $ZnSO_4 + 7\,H_2O$ — seltener aus Zinkchlorid — $ZnCl_2$ — sowie aus Chloriden und Sulfaten des Ammoniums, Natriums, Kaliums und Aluminiums bereitet und fast stets enthalten sie Borsäure — H_3BO_3.

Die richtige Betriebskontrolle solcher Bäder in Großwerkstätten nun ist ganz außerordentlich wichtig — leider ist es aber gerade hier kaum möglich, auch nur einigermaßen allgemein gültige Regeln anzugeben, wie man vorzugehen hat, da fast jeder Fall einer besonderen Behandlung bedarf. Immerhin mag man festhalten, daß es schließlich doch meist darauf ankommt, die Bäder auf der gleichen Dichte zu erhalten und sie an Zink nicht verarmen zu lassen. Dieses wird ihnen nämlich nicht nur durch die aus den Anoden zu deckende Metallausscheidung an der Ware entzogen, sondern auch durch die Bildung recht verwickelter Gemische chemischer Verbindungen eben an den Anoden, welche Gemische aber nicht in Lösung gehen, sondern als Schlamm auf den Boden der Badgefäße sinken. Die Ergebnisse, zu denen man kommt, sind anderseits manchmal ganz überraschend einfache; so ist dem Verfasser ein Fall bekannt — es handelte sich um die Verzinkung der Mäntel eiserner Barrels — wo es vollkommen genügte, dem Elektrolyten jeweils nach 24 h einen im ganz bestimmten Verhältnisse zur Erzeugung stehenden Anteil jenes fertig bezogenen Präparates zuzusetzen, durch dessen Auflösung er bereitet wurde, um ihn nicht nur bei der gleichen Dichte, sondern auch beim gleichen Metallgehalte — überhaupt bei fast unveränderter Zusammensetzung und tadelloser Arbeitsfähigkeit zu erhalten.

Was nun zunächst die Dichte eines Zinkbades anbelangt, stellen wir sie mit ausreichender Genauigkeit in der bekannten Art mit dem Aräometer, der „Senkwage", fest. Wir müssen nur darauf Bedacht nehmen, stets bei der gleichen Temperatur, am besten bei 15°, zu „spindeln", was wir leicht erreichen können, indem wir eine Probe der Lösung in einer Flasche abkühlen — zum Beispiel unter dem Strahle der Wasserleitung — aus der Flasche dann den Glaszylinder des Aräometers füllen, dieses sowie ein Thermometer einbringen und das Gefäß mit den Instrumenten schließlich in einen Raum stellen, dessen Temperatur über 15° liegt. Wenn das Thermometer in der sich langsam erwärmenden Flüssigkeit 15° zeigt, liest man das Aräometer ab. Zur Ermittlung des Zinkgehaltes des Elektrolyten jedoch mögen wir uns eines von K. Voigt[1]) angegebenen Verfahrens bedienen und zwar folgendermaßen:

Wir lassen von dem Bade aus der Bürette, je nach seinem Gehalte an Zink, 10—50 cm³ — soviel, daß unsere Probe 0.6—0.8 g von diesem Metalle enthält — langsam in einen 100 cm³ Messkolben fließen, in dem sich bereits 40 cm³ starken Ammoniaks befinden, denen wir einen Löffel Chlorammonium, sowie 2—3 Tropfen Wasserstoffsuperoxyd zugesetzt haben. Durch öfteres Unterbrechen des Zuflusses aus der Bürette und kräftiges Schwenken des Meßkolbens sorgen wir für gute Mischung seines Inhaltes. Schließlich füllen wir, hierbei seinen Hals abspritzend, zur Marke auf, verschließen mit dem Daumen, schütteln noch einmal kräftig um und filtrieren dann durch ein passendes trockenes Weißband-Filter, nachdem wir die ersten Anteile weglaufen gelassen haben, einen 50 cm³ Meßkolben zur Marke voll. Etwa über ihr stehende Flüssigkeit saugen wir mit einem Fidibus aus Filterpapier ab. Den Inhalt dieses Kolbens nun leeren wir in ein 100 cm³ Becherglas, spülen ihn mit ein wenig Wasser nach, geben einen Löffel Ammoniumphosphat, ferner noch einen halben Löffel Chlorammonium, sowie einige Kubikzentimeter Ammoniak zu und stellen ihn für 6 h beiseite. Nach dieser Zeit hat sich sicher alles vielleicht vorhandene Magnesium als Ammoniummagnesiumphosphat — $NH_4MgPO_4 + 6\,H_2O$ — abgeschieden, so daß wir durch ein kleines Weißband-Filter in ein 200 cm³ Gläschen abfiltrieren können — das

[1]) Ztschr. f. angew. Chem., 1909, S 2280.

erstere, sowie das Filter spülen wir mit Wasser, dem wir ein wenig Ammoniak beigefügt haben. Ist diese Arbeit sauber erledigt, so tröpfeln wir unserem Filtrat unter Umrühren konzentrierte Salzsäure zu, bis blaues Lackmuspapier, auf dem wir mit dem ganz dünnen Rührstabe tüpfeln, rotviolett wird, stellen das Glas dann auf ein Drahtnetz über eine kleine Flamme und erhitzen seinen Inhalt bis nahe zum Sieden. Wenn er nur mehr etwa 75 cm^3 beträgt, ist auch die anfangs schleimige Ausscheidung von Ammoniumzinkphosphat — NH_4ZnPO_4 — ein kristalliner Bodenkörper geworden, den wir schließlich genau nach den Darlegungen der S. 21 verarbeiten, also Zinkpyrophosphat — $Zn_2P_2O_7$ — auswägen.

Wie dem Leser ja bereits klar geworden ist, besteht das Verfahren, das für unsere Zwecke trotz der Anwesenheit von Borsäure genügend genau ist, darin, daß zunächst das Aluminium als Aluminiumhydroxyd — $Al(OH)_3$ — entfernt wird, ohne daß aus der verhältnismäßig viel Ammonsalze und freies Ammoniak enthaltenden Flüssigkeit im 100 cm^3 Meßkolben Zink ausfällt. Dies bleibt, eben wegen des reichlich vorhandenen freien Ammoniaks, auch nach dem Zufügen von Ammoniumphosphat zu den abfiltrierten 50 cm^3 in Lösung, im Gegensatze zu dem sich nunmehr abscheidenden Ammoniummagnesiumphosphat — $NH_4MgPO_4 + 6\,H_2O$ — das wir abfiltrieren. Erst nach der Neutralisation des Filtrates zeigt sich jetzt auch Ammoniumzinkphosphat — NH_4ZnPO_4. Wegen titrimetrischer Arbeitsgänge zur Zinkbestimmung sei schließlich auf die am Schlusse unseres Buches angeführten Werke über analytische Chemie verwiesen.

Sollte aus irgendeinem Grunde nun auch die Feststellung der Menge des in einem Bade gelösten Eisens nötig sein, so entnimmt man ihm mit der Pipette eine Probe von 100 cm^3, läßt sie in eine passende halbkugelige Porzellanschale auslaufen, setzt diese auf das Wasserbad, fügt ihrem Inhalte 3—4 Tropfen Wasserstoffsuperoxyd und dann langsam eine Lösung von 1 Teil Ätznatron oder Ätzkali in 3 Teilen Wasser zu, wobei das zuerst ausgeschiedene Zinkhydroxyd und Aluminiumhydroxyd — $Zn(OH)_2$ und $Al(OH)_3$ — wieder fast ganz verschwindet. Dann wartet man ab, bis das ebenfalls gefällte, jedoch in Lauge unlösliche Eisenhydroxyd — $Fe(OH)_3$ — in der vom Wasserbade abgenommenen Schale zu Boden gesunken ist, gießt den größten Teil der überstehenden klaren Flüssigkeit recht vorsichtig ab, verdünnt den Rest mit Wasser und läßt ihn durch ein kleines Weißband-Filter laufen. Man wäscht es sorgfältig mit heißem Wasser und verascht es noch naß in einem Porzellantiegel, worauf man den Rückstand von Eisenoxyd — Fe_2O_3 —, trotzdem er noch Zink-, Aluminium- und Alkalioxyde enthalten wird, ohne weiteres laut

S. 12 mit Kaliumbisulfat aufschließen und die Lösung der Schmelze nach Reinhard-Zimmermann (S. 12) titrieren kann.

Daß sich in einem Zinkbade lästige Mengen von Eisenverbindungen ansammeln, kommt gewöhnlich nur daher, daß die in ihm ausgefertigten, vorher gebeizten Eisenwaren nach dem Beizen in verdünnter Schwefelsäure oder Salzsäure nicht mit der genügenden Sorgfalt gespült werden.

2. Nickelbäder und Nickel-Kobaltbäder.

Die praktisch wirklich verwendeten Bäder sind heute wohl fast stets Lösungen von Nickelsulfat — $NiSO_4 + 7\,H_2O$ — oder von Ammoniumnickelsulfat — $(NH_4)_2NiSO_4 + 6\,H_2O$ — in Wasser, welchen Lösungen man dann noch Zusätze von „Leitsalzen", etwa von wasserfreiem, „kalziniertem" Natriumsulfat — Na_2SO_4 — Ammoniumsulfat — $(NH_4)_2SO_4$ — oder Ammoniumchlorid — NH_4Cl — gibt und ferner von Stoffen, die nach unseren Erfahrungen die Beschaffenheit des erzielten Niederschlages in einer bestimmten Art beeinflussen, wie zum Beispiel Borsäure — H_3BO_3 — Zitronensäure und zitronensaures Natrium. Die vorstehende Aufzählung ist ja gewiß keineswegs vollständig — immerhin sind wir in der Lage, allein mit den genannten Stoffen nach bewährten Vorschriften gut arbeitende Bäder anzusetzen, wenn wir es nicht vorziehen, uns hierzu gleich den besonderen Zwecken angepaßter fertig gelieferter Mischungen zu bedienen, die man einfach in der entsprechenden Menge in warmem oder kaltem Wasser auflöst, um zu einem arbeitsbereiten Elektrolyten zu kommen.

Da nun manche Firmen noch immer glauben, sich etwas zu vergeben, wenn sie solche Präparate verwenden, statt ihre Bäder nach eigenen Vorschriften selbst anzusetzen, dürfte ein Wort über diesen Gegenstand wohl angebracht sein.

Unser Fach hat im Kriege und seit dessen Ende einen ganz außerordentlichen Aufschwung genommen, insbesondere bei der Durchbildung der Apparatur zur Bewältigung von Massengütern. Diese Apparaturen nun und zwar schon die „Glocken", „Fässer" und „Trommeln", noch mehr aber die „Wanderbäder" und gar die „Fließanlagen", erfordern, ebenso wie die Großeinrichtungen für die Elektroplattierung von Drähten und Metallbändern, ihrer Wirkungsweise zusagende Elektrolyte, deren richtige Zusammensetzung in mühevollen und kostspieligen Versuchen erprobt worden ist. Da ist es wohl begreiflich, daß das Ergebnis solcher Versuche nicht ohne weiteres preisgegeben wird, um so mehr, als eine Fabrik, die sich mit dem Bau der erwähnten Großanlagen befaßt, für deren einwandfreie Arbeit doch nur dann Gewähr leisten wird, wenn man auch die für diese Anlagen bereitgestellten Präparate bei ihr kauft und genau nach ihren Anweisungen verwendet. Sehen wir jedoch von diesen Fällen ab und bleiben wir nur bei den fertigen Präparaten für „ruhende“ Bäder! Wenn man ein solches analysiert, was schließlich und endlich meist kein besonderes Kunststück ist und sich das Gefundene dann aber recht überlegt, wird man gewöhnlich nur zu dem einen Ergebnis kommen, daß die betreffende Fabrik — selbstverständlich denken wir nur an ein ernst zu nehmendes, wirklich verläßliches Haus — *dafür, daß sie mit dem gelieferten Gute ihre langjährigen Erfahrungen* mitgibt, für seine einwandfreie Beschaffenheit mit ihrem Rufe haftet und dem Kunden die Mühe des Zusammenwägens einzelner Posten von Chemikalien und die Sorge um immerhin mögliche Irrtümer bei dieser Arbeit abnimmt, sich einen bescheidenen Aufschlag in den Preis der Ware eingerechnet hat. Wir dürfen also sagen, daß fertige Bäderpräparate mit vollem Recht so raschen Eingang gefunden haben und ihre Verwendung, selbstverständlich wiederum unter der Voraussetzung, daß die liefernde Stelle eine verläßliche ist, auch für die Kostenrechnung des Betriebes durchaus nichts Bedenkliches hat.

Kehren wir jetzt nach dieser Abschweifung zu unserem eigentlichen Gegenstand zurück und nehmen wir erst einmal an, ein Nickelbad sei, den besonderen Zwecken entsprechend, richtig bereitet und auch nicht verunreinigt worden — arbeite also einwandfrei. Die Betriebskontrolle kann sich dann darauf beschränken, dem Verhältnis zwischen der Fläche der Ware und der Anoden, sowie der Beschaffenheit der letzteren stete Aufmerksamkeit zuzuwenden und dafür zu sorgen, daß die bewährte Reaktion des Elektrolyten die richtige bleibe, ebenso wie sein Gehalt an Nickel. Die der Verwendung des Bades angepaßte schwach saure bis neutrale oder manchmal sogar ganz leicht alkalische Reaktion mag man mit dem sehr empfindlichen Merkschen Lackmuspapier prüfen, das uns schon recht feine Unterschiede in der Azidität der Lösung erkennen läßt [1]) Zu späteren Vergleichen entnimmt man dem richtig abgestimmten Elektrolyten eine Probe von 2—3 Litern und bewahrt sie in einer verschlossenen reinen Glasflasche auf. Daß im übrigen die Reaktion unter allen Umständen nur eine so schwach saure sein darf, daß Kongopapier noch nicht verändert wird, bedarf keiner weiteren Erläuterungen. Was ferner den Gehalt an Nickel anbelangt, liefert uns einen ersten Anhaltspunkt zur Beurteilung seiner Änderungen bei einem dauernd gut geführten Ansatze, dessen Dichte, die wir mit ausreichender Genauigkeit in der schon besprochenen Art laut S. 66 feststellen. Zur genaueren Ermittlung des

---

[1]) Einen recht hübschen kleinen Handapparat für diese Zwecke bringt die Langbein-Pfanhauser-Werke A.-G., Leipzig-Sellerhausen, in den Handel.

Metallgehaltes jedoch, insbesondere nach längerem Betriebe — gar wenn schon öfters Richtigstellungen der Reaktion des Elektrolyten vorgenommen worden sind — erfassen wir ihn unmittelbar durch Elektrolyse einer mit der Pipette entnommenen, etwa 0.4—0.6 g Nickel enthaltenden Probe laut S. 50 oder durch Fällung einer solchen Probe mit höchstens 0.2 g Nickel mit Dimethylglyoxim laut S. 15. Von einem Bade also, das im Liter um 12 g Metall enthalten mag, wird man 50 cm^3 zur Elektrolyse und 10 cm^3 zur Fällung mit Dimethylglyoxim verwenden.

Wegen der leider für uns unmittelbar nur selten verwendbaren schönen Titration des Nickels nach M o o r e genüge der Hinweis auf den II Band des Lehrbuches der analytischen Chemie von T r e a d w e l l und wegen der Arbeiten zur Richtigstellung eines in der erläuterten Art untersuchten Bades die Erwähnung der am Schlusse dieses Werkes angeführten Veröffentlichungen über Galvanotechnik. Allgemeine Gesichtspunkte für diese Arbeit liefert uns ja schon die Erwägung, daß zum Abgleichen der Reaktion ohne Änderung des Nickelgehaltes des Elektrolyten einerseits Schwefelsäure, sowie Borsäure und Zitronensäure, anderseits Ammoniak und Ätznatron zur Verfügung stehen, dagegen zur Tilgung überflüssiger Säure unter gleichzeitiger Erhöhung des Nickelgehaltes basisches Nickelkarbonat. —

Nun wollen wir aber einen anderen Fall betrachten, nämlich den, daß wir zu einem Bade unbekannter Herkunft berufen werden, das nicht mehr einwandfrei arbeitet oder seinen Dienst bereits ganz versagt hat, mit der Einladung, es wiederum brauchbar zu machen. Da werden wir zunächst zu erfragen suchen, welche Übelstände denn eigentlich eingetreten sind und wie gearbeitet worden ist; die erhaltenen Auskünfte, richtig gewertet und erläutert durch den Eindruck, den der betreffende Betrieb und seine Angehörigen im allgemeinen machen, werden uns meist schon wertvolle Anhaltspunkte für unser weiteres Vorgehen liefern. Wir werden vielleicht wahrnehmen, daß überhaupt sehr unsauber gearbeitet wird und die Waren nicht genügend gereinigt ins Bad kommen — nicht fettfrei oder nach dem Entfetten oder dem „Brennen“ nicht sorgfältig genug gespült, so daß fortwährend Reste des laugenhaften Dekapierungsmittels oder der Brennsäuren in den Elektrolyten eingeschleppt werden. Oft liegt es auch daran, daß im Verhältnis zur Ware aus Sparsamkeit zu wenig Anoden vorhanden sind oder an der mangelhaften Einstellung der Stromstärke, sowie der unrichtigen Anordnung der Waren, die sich gegenseitig abdecken — kurz an grundsätzlichen Fehlern bei der Arbeit, die zunächst mit dem Bade selbst gar nichts zu tun haben, in ihren Auswirkungen aber recht bald dazu führen, daß es verdirbt, worauf es dann selbstverständlich mit dem Vernickeln erst recht nicht mehr geht.

Da muß man eben den in der Werkstätte Tätigen diese Fehler recht eindringlich vorhalten und sie auf die ihnen ja ohne weiteres zugänglichen

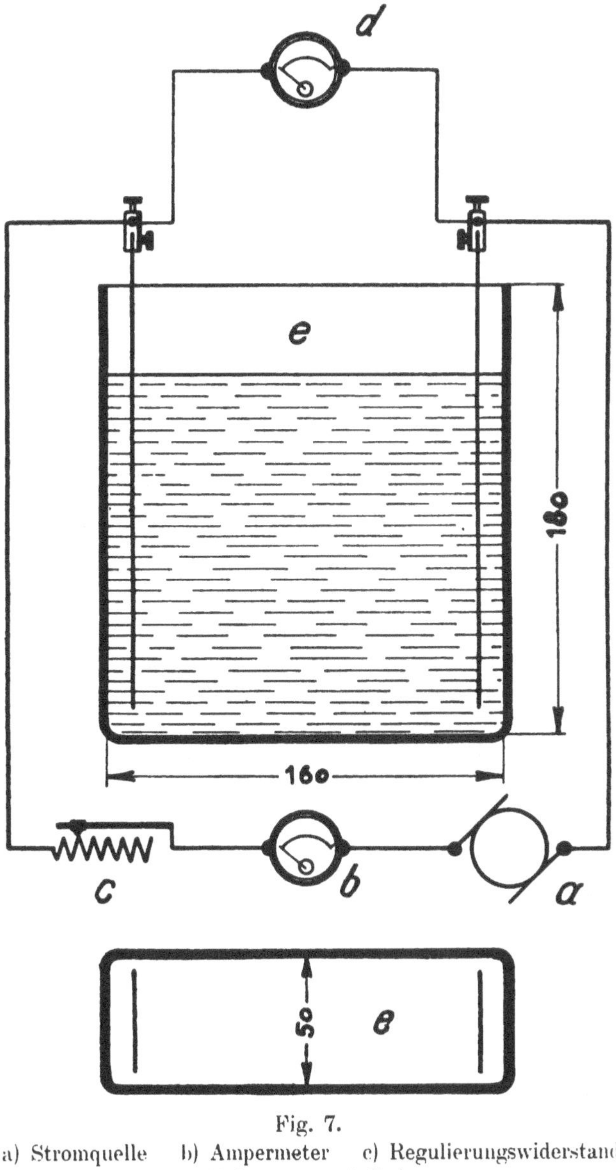

Fig. 7.
a) Stromquelle b) Ampermeter c) Regulierungswiderstand
d) Voltmeter e) Badtrog

Lehrbücher der Galvanotechnik aufmerksam machen, die ihnen doch erschöpfende Belehrungen bringen — und dann wenden wir uns unserer eigentlichen Aufgabe zu, nämlich der Untersuchung des Bades, wobei wir annehmen wollen, daß es nicht etwa bereits in einem solchen Zustande ist — gänzlich verschlammt und verschmutzt — daß Versuche zu seiner Wiederherstellung überhaupt ein hoffnungsloses Unternehmen sind.

Wir beginnen also unsere Arbeit jedenfalls damit, daß wir zunächst wiederum die Reaktion der Lösung prüfen, denn häufig fehlt es nur an ihr. Haben wir auch nach unseren sonstigen Wahrnehmungen Grund, dies zu vermuten, so stellen wir uns einen ungefähr der Fig. 7 entsprechenden Probeapparat zusammen, der zu unserem unentbehrlichen Handwerkszeuge gehört, füllen ihn mit einer mit einem Meßglase abgemessenen Probe des Bades und gleichen, unter Umrühren mit einem Glasstabe, sorgfältig auf eine ganz schwach saure, fast neutrale Reaktion ab — vorläufig entweder durch tropfenweise Zugabe von Schwefelsäure oder von Ammoniak. Dann bringen wir als Anode einen Streifen reinen Nickelbleches ein, als Kathode einen gleich großen, selbstverständlich blanken, sowie sorgfältig gespülten und entfetteten Eisenblechstreifen, und elektrolysieren mit einer Stromdichte von 0.3—0.5 Amper. War tatsächlich das Bad zunächst nur zu sauer, so daß schon deshalb kein rechter Niederschlag anfiel oder jedenfalls ein zu spröder, zum „Aufstehen", „Abplatzen" neigender, so wird sich dies nach der Abgleichung der Reaktion bei den Versuchen im Probeapparat ja jetzt zeigen, ebenso wie wir bald wahrnehmen werden, ob die Ursache unscheinbarer, gelbstichiger und mißfarbiger Niederschläge vor allem die alkalische Reaktion des Elektrolyten war.

Wir wollen nun annehmen, daß wir gleich Erfolg gehabt haben und feststellen konnten, daß das Grundübel wirklich die unrichtige Reaktion unserer Lösung war — dann ist die nächste Arbeit die Ermittlung ihrer Dichte mit dem Aräometer, sowie die genaue Bestimmung des Nickelgehaltes durch Elektrolyse oder Fällung einer angemessenen Probe mit Dimethylglyoxim; eine Feststellung der Dichte allein ist ganz wertlos, da ja offenbar ein an Nickel recht armes Bad trotzdem eine sehr hohe „Grädigkeit" haben kann, wenn es nur viel „Leitsalze" enthält. Die Beurteilung des richtigen Verhältnisses zwischen dem Nickelgehalte und der Dichte eines Elektrolyten bei Berücksichtigung der Arbeit, für die er bestimmt ist, erfordert jedoch große Erfahrung im Fache; bestimmte Regeln lassen sich da nicht geben und nur als ein ganz allgemeiner Anhaltspunkt diene die Mitteilung, daß wir bei „ruhenden", nicht erwärmten Bädern, deren Aufbau ein einwandfreier ist, Dichten von 6° B — 16° B bei Gehalten von 10 g — 50 g Nickel in Liter finden. Vorsichtige Versuche, wie die in der Reaktion abgeglichene Lösung im Probeapparate auf die Zugabe von Nickelsulfat in kleinen Posten anspricht, werden uns jedenfalls weiter führen — vielleicht wird es auch zweckmäßig sein, sie zuerst zu verdünnen und dann erst mit Nickelsulfat nachzusättigen, nämlich wenn sie schon eine hohe Dichte bei geringem Gehalte an Nickel zeigt, also im Verhältnisse zu diesem zuviel Leitsalze enthält. Glauben wir schließlich, sowohl was die Reaktion als auch den Gehalt an Metall anbelangt, bereits das Richtige getroffen zu haben, so werden wir, auf den nunmehr erläuterten ersten Versuchen weiterbauend, noch ausprobieren, ob nicht etwa eine Abgleichung alkalischer Reaktion mit einer gesättigten Lösung von Zitronensäure noch bessere Wirkungen zeitigt als die Verwendung von Schwefelsäure, ferner, wie sich bei dem im allgemeinen schon richtig abgestimmten Bade Zugaben von Borsäure und von zitronensaurem Natrium bewähren — kurz, wir stellen eben noch verfeinerte Versuche an, dabei aber stets die im Probeapparate aufgewendeten Gewichtsmengen der verschiedenen Zusätze festhaltend, so daß wir schließlich auch wissen, welche Posten von ihnen dem zu untersuchenden Bade selbst angemessen sind. — —

Nicht immer liegen aber leider die Dinge so einfach — die Niederschläge auf den Probeblechen bleiben vielmehr trotz sorgfältiger Abgleichung der Reaktion und der Zugabe von 3—10 g zitronensaurem Natriums für je 1 l des Versuchsbades mißfarbig oder werden gar schwarzstreifig, insbesondere auf der der Anode abgekehrten Seite der Probebleche. Dann sitzt allerdings das Übel tiefer und wir müssen annehmen, daß eine Verunreinigung des Bades durch Verbindungen des Kupfers, allenfalls des Eisens oder auch des Zinkes, wenn nicht gar durch alle diese Metalle stattgefunden hat. Eine Reaktion zum unmittelbaren Nachweise des Zinkes neben den verhältnismäßig großen Mengen Nickel haben wir nicht[1]) — das sicherste Zeichen für seine Anwesenheit sind die soeben erwähnten grauschwarzen Streifen auf den Niederschlägen, die auch dann noch auftreten, wenn wir die Lösung von Kupfer und — so gut es eben geht — von Eisen befreit haben. Kupfer dagegen können wir leicht und rasch nachweisen, indem wir einen Streifen Eisenblech blank schmirgeln, ihn sauber entfetten und dann ohne Strom in eine Probe des Bades einhängen, die aber jedenfalls deutlich sauer sein muß. Ist Kupfer vorhanden, so verfärbt sich das Blech schon nach kurzer Zeit und bald zeigt es einen rötlichen Ton, der beim Reiben gewöhnlich recht fest haftet, mit Salpetersäure 1.4 jedoch sofort abgeht. Wollen wir noch bestimmen, mit welchen Mengen von Kupfer zu rechnen ist, so versetzen wir mit der Pipette entnommene 100 cm^3 des Bades in einem 300 cm^3 Erlenmeyerkolben mit 5 cm^3 mehr an Schwefelsäure, als

---

[1]) Vergl. Breisch und Chalupny, „Über die Bestimmung geringer Zinkmengen im technischen Nickel", Ztschft. f. angew. Chemie, 35, 1922, S. 119.

zur Neutralisation nötig sind, ferner mit 100 cm³ Wasser, leiten 30′ lang einen flotten Strom von Schwefelwasserstoff ein und stellen für 2 h beiseite. Nach dieser Zeit wird sich das ausgeschiedene Kupfersulfid — CuS — fast immer vollständig zu Boden gesetzt haben, so daß man den größten Teil der überstehenden Flüssigkeit vorsichtig abgießen kann und nur einen geringen Rest durch ein kleines Weißband-Filter laufen zu lassen braucht Man wäscht es, ebenso wie den Kolben, mit Schwefelwasserstoff — Wasser, das man mit Schwefelsäure angesäuert hat und arbeitet schließlich nach den Anweisungen der S. 11 weiter.

Auch die Feststellung des Eisens bereitet uns keine Schwierigkeiten Wir verdünnen von einem blank filtrierten Anteile des Elektrolyten in einem Bechergläschen 20—30 cm³ so weit, daß die Lösung nicht allzu dunkelgrün ist, säuern mit Salzsäure an, fügen 2—3 Tropfen Wasserstoffsuperoxyd bei, kochen auf, lassen wieder erkalten und setzen unter Umschwenken einige Körnchen Rhodanammonium oder Rhodankalium zu. Ist Eisen in einer für uns in Betracht kommenden Menge vorhanden, so verrät es sich durch die bekannte Farbreaktion. Im übrigen mag man auch eine Probe von 50—100 cm³ des Bades laut S. 40 mit Wasserstoffsuperoxyd und Ammoniak verarbeiten, wobei man jedoch nicht vergessen darf, daß aus einer Lösung, die größere Mengen zitronensaure Alkalis enthält, die Fällung des Eisens als $Fe(OH)_3$ zumindesten eine unvollständige sein wird.

Sicherer ist es daher jedenfalls, eine Probe von 50—100 cm³ des Bades in einer halbkugeligen geräumigen Porzellanschale zur noch stark feuchten Salzmasse einzudampfen, ein Uhrglas so aufzulegen, daß der Ausguß der Schale frei bleibt und dann recht langsam und vorsichtig durch diesen aus einem Meßglase so lange rauchende Salpetersäure einrinnen zu lassen, bis die stürmische Reaktion, wenn ein solche eintritt, vorüber ist. Nunmehr spritzt man Uhrglas und Schalenwand ab, dampft auf dem Wasserbade zur Trockne, durchfeuchtet den Rückstand nochmals mit rauchender Salpetersäure, dampft wiederum ab, nimmt schließlich mit 200 cm³ Wasser und etwas Salzsäure auf und behandelt jetzt die Lösung unmittelbar mit Ammoniak, ohne Zusatz von Wasserstoffsuperoxyd, da ja selbstverständlich alles Eisen ohnehin in Ferriverbindungen vorhanden sein muß.

Was nun die Wiederherstellung eines solchermaßen verunreinigten Bades anbelangt, sei wiederum auf die am Schlusse dieses Buches angeführten Werke über Galvanotechnik verwiesen[1]) — jedenfalls versäume

[1]) Und auch auf den „L. P. W. Kalender“. Eigenverlag der Langbein-Pfanhauser-Werke A.-G., Wien-Leipzig.

man es ja nicht, die „Entkupferung“, „Enteisenung“ und „Entzinkung“ zunächst im Probeapparate in einem passenden Troge mit einem Anteile von 4—5 l des Elektrolyten gründlich zu versuchen — und wenn man Erfolg gehabt hat, dann überlege man sich erst noch recht genau, was die Durchführung dieser Arbeiten im Bade selbst an Chemikalien und Zeit kosten wird. Nicht selten mag man zu dem Ergebnis kommen, daß es besser ist, gleich ein neues Bad einzustellen und seinem Besitzer zu empfehlen, es künftighin besser zu behandeln als das verdorbene, da es eben stets einfacher ist, den Karren nicht in den Straßengraben laufen zu lassen, als ihn, wenn er einmal dorten liegt, wieder herauszuziehen!

Über die in den Rahmen der eigentlichen Betriebskontrolle fallenden Arbeiten dürfte der Leser jetzt unterrichtet sein. — Was die vollständige Analyse eines Nickelbades anbelangt, wird es ihm, wenn er schon einmal in die Lage kommt, eine solche vornehmen müssen, bei geschickter Benutzung der im vorliegenden Buche angegebenen Verfahren, sowie unter Zuhilfenahme der am Schlusse vermerkten Werke über analytische Chemie gewiß keine Schwierigkeiten bereiten, sich einen für den besonderen Fall passenden Gang zurechtzulegen. Wegen der Bestimmung der Borsäure sei auch einer Veröffentlichung des Verfassers zusammen mit J. Kittel gedacht[2]), die sich besonders mit diesem Gegenstande befaßt — für den bloßen Nachweis der Borsäure ist es am besten, 10 cm³ des Bades in einer kleinen halbkugeligen Porzellanschale, die man auf ein Tondreieck auf einen Dreifuß setzt, mit 20 cm³ Methylalkohol zu mischen, aus einer Pipette 3 cm³ Schwefelsäure zufließen zu lassen und die entweichenden Dämpfe mit einem schon bereitgehaltenen brennenden Spahn zu entzünden. Auch geringe Mengen Borsäure verraten sich sofort durch die eigentümlich grün gesäumten Flammen. Ferner wollen wir bemerken, daß wir über eine Methode zur unmittelbaren Bestimmung des Anteiles an Zitronensäure in einem Nickelbade leider nicht verfügen — um ihre Anwesenheit festzustellen, dampfen wir 50—100 cm³ des Elektrolyten in einer kleinen flachen Porzellanschale zunächst auf dem Wasserbade ein, erhitzen sodann weiter auf dem Sandbade und endlich auf dem Drahtnetze mit kleiner Flamme. Wenn Zitronensäure da ist, verkohlt sie und verbreitet den nicht unangenehmen Geruch verbrennenden Zuckers. Einen überaus handlichen Apparat zur Feststellung des NH_4' dagegen durch Zerlegung seiner Salze mit Lauge, Abdestillation des freigemachten NH_3 in 25 cm³ einer n/2-Säure und Rücktitration des unverbrauchten Säureüberschusses mit n/2 Lauge und Methylorange als Indikator zeigt uns Fig. 8. Das nötige Ätzkali oder Ätznatron wird der mit der Pipette entnommenen,

---

[2]) Wogrinz-Kittel. Chem.-Ztg. 1912, S. 433.

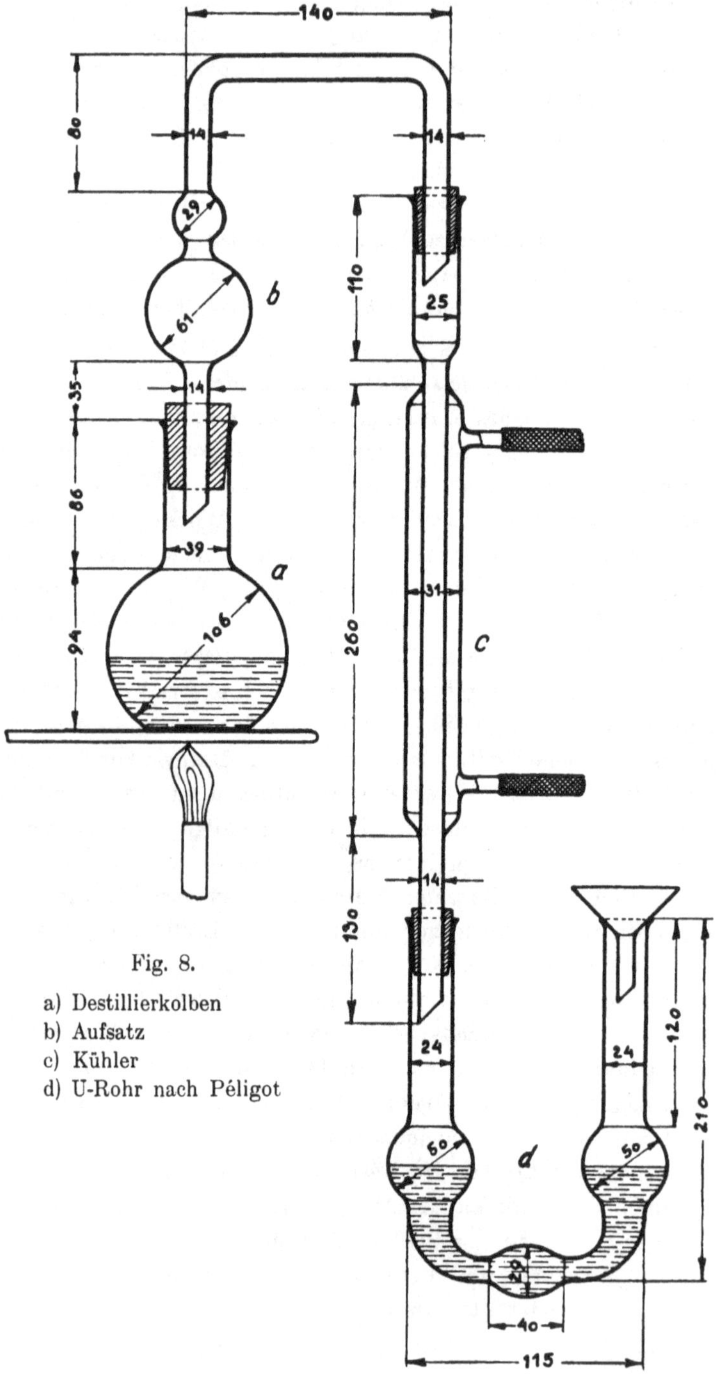

Fig. 8.

a) Destillierkolben
b) Aufsatz
c) Kühler
d) U-Rohr nach Péligot

in den Destillierkolben übertragenen und dort allenfalls noch etwas verdünnten Probe in der Form etwa 3—4 cm langer Bruchstücke der bekannten Stangen zugesetzt, die man in Filtrierpapier einwickelt und in den Kolben einfallen läßt, worauf man ihn sofort an den Aufsatz anschließt. Die Titration findet gleich im Peligotrohre selbst statt, das man vom Apparate abnimmt und mit der linken Hand faßt, während die rechte den Hahn der Bürette bedient.

Was schließlich die Ermittlung des Gehaltes an Kobalt in Nickel-Kobaltbädern anbelangt, die manchmal in den graphischen Gewerben verwendet werden, geschieht sie für unsere Zwecke am einfachsten in der Art, daß man sowohl die Elektrolyse einer angemessenen Probe vornimmt, als auch eine Fällung mit Dimethylglyoxim in einer diesem Verfahren entsprechenden Probe der Lösung. Auf der Kathode schlägt sich sowohl das Nickel, als auch das Kobalt nieder — auf Dimethylglyoxim dagegen spricht nur Nickel an.

3. Saure Kupferbäder.

Saure oder galvanoplastische Kupferbäder sind heute meistens nur mit Schwefelsäure versetzte Lösungen von Kupfervitriol — $CuSO_4 + 5\,H_2O$ — in Wasser, und zwar schwankt der Gehalt an Sulfat in 1 l zwischen 150—250 g, der an Säure zwischen 5—30 g. Beim Stromdurchgange lagert sich an den als Kathoden eingehängten Werkstücken Kupfer ab und ebensoviel von diesem Metall soll sich an den die Anoden bildenden Kupferplatten lösen, so daß eigentlich die Zusammensetzung des Elektrolyten, wenn man nur das verdampfende Wasser zeitgerecht nachsetzt, sich nicht verändern dürfte. So ganz trifft dies allerdings nicht zu, da gewöhnlich weniger Metall in Lösung geht als abgeschieden wird — aus dem Gefüge der Anoden herausgeätzte feine Kupferkristalle lösen sich nämlich los, schwimmen zunächst metallisch schimmernd auf der Oberfläche und sinken dann auf den Grund des Bades, so daß sein Gehalt an Säure anwächst, der an Sulfat abnimmt. Eine für uns in Betracht kommende Verunreinigung durch fremde Stoffe braucht aber dabei trotzdem nicht einzutreten, wenn man nur einwandfreie Anoden aus Elektrolytkupfer verwendet, die nahezu chemisch rein sind, wie denn auch Kupfervitriol und Schwefelsäure von solcher Güte zu haben sind, daß wir beim Ansetzen des Bades, insbesondere wenn wir dazu destilliertes Wasser verwenden, eine der gewählten Vorschrift entsprechende, fast ganz reine Lösung von Kupfersalz und Schwefelsäure herstellen können. Es ist ja gewiß richtig, daß geringe Mengen von Eisensalzen und von Chlorverbindungen bei den meisten Arbeiten nicht stören — anderseits ist es aber eine bewährte Regel, stets die beste Ware zu verlangen, die für unsere Zwecke hergestellt werden kann.

Geben wir dem Bade absichtlich Zusätze, zum Beispiel von Kochsalz, um die Bildung von „Randknospen“ zu verhindern oder von einem Ammoniumsalz, wenn es sich um das Verkupfern von Silberspiegeln handelt oder von irgendeinem organischem Stoff, so ist dies eine Sache für sich — der Verfasser möchte hierzu nur bemerken, daß es ihm, wenn es sich um galvanoplastische Bäder gehandelt hat, bei richtiger Wahl ihrer Zusammensetzung und Temperatur, sowie der Stromverhältnisse stets gelungen ist, mit Lösungen auszukommen, die bloß aus destilliertem Wasser, Kupfervitriol und Schwefelsäure bereitet waren.

Wir wollen nun bei unseren weiteren Darlegungen unterscheiden, ob es sich um die Betriebskontrolle handelt oder ob ein Bad vollständig untersucht werden soll, weil sich unliebsame Erscheinungen zeigen, wie das Anwachsen von spießigen Metallgebilden an den Werkstücken oder etwa die Bildung von brüchigen oder fleckigen Niederschlägen. Im ersteren Falle genügt es — wenn das Bad nur aus Kupfervitriol und Schwefelsäure bereitet ist — sich über seinen Gehalt an Metall und an freier Säure zu unterrichten und sich dazu eines möglichst fördersamen Verfahrens zu bedienen, auch wenn seine Genauigkeit für feinanalytische Arbeiten unzulänglich wäre.

Wir bestimmen deshalb zunächst den Gehalt an freier Schwefelsäure, indem wir mit der Pipette eine solche Menge entnehmen, daß die in ihr enthaltene freie Säure etwa 20—25 cm^3 einer n/2 Lauge entspricht — bei einem Bade mit um 5 g freier Säure im Liter werden es offenbar 100 cm^3 sein, bei einem solchen mit 30 g freier Säure 20 cm^3 — und diese Probe lassen wir in einen Titrierkolben passender Größe auslaufen. Hier versetzen wir sie mit Methylorange im Sinne der folgenden Ausführungen und titrieren mit n/2 Lauge aus. Einer meiner Mitarbeiter hat nämlich schon 1913 festgestellt, daß man auf diesem Wege zu viel besseren Ergebnissen kommt als beim Tüpfeln auf Kongopapier und da ich meiner damaligen Veröffentlichung in der Chemiker-Zeitung nichts beizufügen habe, sei sie hier wiedergegeben:

„Verf. hat, zusammen mit Dr. Johann Kittel, vor mehreren Jahren in der „Chemiker-Zeitung“ ein Verfahren zur Untersuchung nicht verunreinigter galvanoplastischer Kupferbäder, also von Lösungen reinen Kupfervitriols und reiner Schwefelsäure in Wasser mitgeteilt. Wie aus der Veröffentlichung zu entnehmen ist, wird zunächst in einer Probe des zu untersuchenden Bades nach Niederschlagen des Kupfers mit H_2S die gesamte vorhandene H_2SO_4 durch Titration mit Methylorange als Indicator ermittelt, dann in einer anderen Probe die neben dem $CuSO_4$ gelöste freie H_2SO_4, unter Benutzung von Kongopapier zu Tüpfelproben, bestimmt und schließlich der Gehalt der Probe an $CuSO_4$ aus dem Ergebnisse der Subtraktion : gesamte H_2SO_4 — freie H_2SO_4 berechnet.

Während nun die Bestimmung der gesamten vorhandenen H_2SO_4 nach dem Vorschlage von Wogrinz und Kittel an Genauigkeit nichts zu wünschen übrig läßt, ist die Titration der freien H_2SO_4 unter Verwendung von Kongopapier ohne Zweifel ein schwacher Punkt des Verfahrens. Es war daher sehr zu begrüßen, daß, wie ein ehemaliger Assistent des Laboratoriums des k. k. Gewerbeförderungsamtes in Wien, Dr. Hecht, beobachtete, freie H_2SO_4 sich neben $CuSO_4$ vorzüglich mit Methylorange titrieren läßt, da die saure Lösung eine dem Neutralrot ähnliche rotviolette Färbung zeigt, während die neutrale Lösung hell grünlichgelb und beim Vorhandensein größerer Mengen von $CuSO_4$ schilfgrün gefärbt ist. Die von Hecht gemachte Wahrnehmung, die in Fachkreisen wenig bekannt sein dürfte, wurde neuerdings auch im Laboratorium der k. k. Hof- und Staatsdruckerei in Wien bei der Untersuchung galvanoplastischer Kupferbäder nach dem eingangs erwähnten Verfahren bestätigt und schließlich auf Veranlassung des Verfassers von Dr. Franz Halla nachgeprüft, der Folgendes feststellte. Der geschilderte, mit großer Schärfe erfolgende Farbenumschlag gestattet, freie H_2SO_4 neben $CuSO_4$ zu titrieren, ohne daß ein Mehrverbrauch an Lauge durch Hydrolyse des $CuSO_4$ eintritt. Es ist jedoch für das gute Gelingen einer Titration erforderlich, daß man der zu untersuchenden $CuSO_4$—H_2SO_4-Lösung soviel Methylorangelösung zusetzt, daß die Flüssigkeit, welche nun die obenerwähnte rotviolette Farbe haben soll, keinen von freien Cu-Ionen herrührenden grünlichen Stich zeigt. Ferner ist zu beachten, daß bei jeder Titration gegen Ende des Versuches die Probe lebhaft umgeschwenkt oder gerührt werden muß, da sich das zunächst entstehende $Cu(OH)_2$ nur langsam wieder auflöst.

Die folgende Zusammenstellung zeigt schließlich die Ergebnisse der innerhalb einer Grenze von 0,05 ccm genauen Kontrollversuche. Sie wurden mit $CuSO_4$—H_2SO_4-Lösungen angestellt, deren Gehalte an den genannten beiden Stoffen die erste vertikale und die erste horizontale Ziffernzeile der Tabelle aufweisen.

Im Liter gelöst g reine H_2SO_4	Im Liter gelöst g reines $CuSO_4 + 5H_2O$: 50	100	150	200	250	
	Verbrauch an etwa 0.5 n-NaOH für je 25 ccm $CuSO_4$—H_2SO_4-Lösung					
	tatsächlich gefunden					theoretisch
10	10.1	10,2	10.2	10.2	10,2	10.1
20	20,3	20,3	20.3	20,2	20,2	20,2
30	30,2	30,1	30,1	30,1	30,2	30,2

Wissen wir nun den Gehalt unseres Bades an freier Säure, so müssen wir weiter noch feststellen, was an Kupfervitriol vorhanden ist und dazu mögen wir zum Beispiel nach einem von mir 1906[1]) mitgeteilten Verfahren arbeiten, nach dem das Kupfer aus einer Probe des Bades mit Schwefelwasserstoff ausgefällt und in einem gemessenen Teile der verbleibenden entkupferten Lösung dann die bei der Umsetzung:

$$CuSO_4 + H_2S = CuS + H_2SO_4$$

freigewordene Säure titriert wird. Man arbeitet am besten folgendermaßen:

Eine angemessene, mit der Pipette, allenfalls der Bürette abgemessene Probe des Bades und zwar soviel, daß man bei der schließlichen Titration wiederum 20—30 cm³ n/2 Lauge verbraucht — das sind also bei einer Lösung mit 250 g Vitriol und 30 g Säure im Liter 20 cm³ und bei einer Lösung, die im Liter nur 150 g Kupfersulfat und 5 g freie Schwefelsäure enthält, 50 cm³ — läßt man in einen 200 cm³ Meßkolben laufen, verdünnt mit frisch ausgekochtem destilliertem Wasser auf etwa 150 cm³, leitet flott Schwefelwasserstoff ein, bis sich das Kupfersulfid in schwarzbraunen Flocken geballt hat, füllt mit frisch ausgekochtem destilliertem Wasser zur Marke auf, verschließt den Kolben und schüttelt gut um. Inzwischen macht man in einem passenden Trichter ein 9 cm Weißband-Filter bereit und gießt, ohne es anzufeuchten, von dem Inhalte des 250 cm³ Kolbens auf, wobei man die ersten Anteile in ein untergestelltes Becherglas weglaufen läßt, dann den Trichter rasch auf einen 50 cm³ Meßkolben setzt und weiter filtriert, bis er voll ist. Etwa über der Marke stehende Flüssigkeit, die ganz blank sein muß und nicht im geringsten von Kupfersulfid gebräunt sein darf, saugt man mit einem Fidibus aus Filtrierpapier weg. Den Inhalt des Meßkolbens leert man weiter in einen 200 cm³ Erlenmeyer, spült mit 50 cm³ frisch ausgekochten destillierten Wassers nach, fügt Methylorange zu und titriert aus.

Ein Beispiel soll diese Darlegungen noch weiter erläutern.

Beispiel.

Bei der Betriebskontrolle eines galvanoplastischen Kupferbades von 300 l Inhalt, das in 1 l enthalten soll 200 g Kupfervitriol und 20 g Schwefelsäure, wurden dem Elektrolyten zunächst zur Bestimmung der freien Säure mit der Pipette zwei Proben von je 25 cm³ entnommen und bei der Titration laut S. 78 verbraucht:

---

[1]) Chemiker-Zeitung 1906. S 1300.

a) 22.4 cm^3 n/2 Lauge
b) 22.8 „ „ „

im Mittel 22.6 cm^3 n/2 Lauge

Somit ist der Gehalt an freier Säure in 1 l, da 1 cm^3 n/2 Lauge anzeigt 0.024522 g H_2SO_4:

$$0.024522 \text{ g} \times 22.6 \times 40 = \text{rund } 22.17 \text{ g} \quad . \quad . \quad . \quad . \quad 1)$$

Weiter wurden mit der Bürette 30 cm^3 des Bades abgemessen und nach den obigen Anweisungen zur Ermittlung des Gehaltes an Kupfervitriol behandelt, wobei zur Titration der nach der Fällung mit Kupfervitriol aus dem 200 cm^3 Kolben abfiltrierten 50 cm^3 an n/2 Lauge verbraucht wurden 28.7 cm^3. Dies entspricht, da ja 1 cm^3 dieser Lauge 0.024522 g H_2SO_4 anzeigt, zunächst in 1 l:

$$\frac{0.024522 \text{ g} \times 28.7 \times 4 \times 1000}{30} = \text{rund } 93.84 \text{ g } H_2SO_4 \qquad 2)$$

hierven ab die unter 1) ausgewiesenen „ 22.17 „ „

so daß auf $CuSO_4 + 5\,H_2O$ entfallen rund 71.67 g H_2SO_4 3)

entsprechend, da 249.71 g $CuSO_4 + 5\,H_2O$ enthalten 98.09 g H_2SO_4:

$$71.67 \text{ g} \times \frac{249.71}{98.09} = \text{rund } 182.45 \text{ g Vitriol} \qquad 4)$$

Das sonst tadellos arbeitende Bad enthielt also in 1 l um rund 2.17 g Schwefelsäure zu viel und um rund 17.55 g Kupfersulfat zu wenig und wurde einfach mit

$$17.55 \text{ g} \times 300 = 5265 \text{ g}$$

rund 5.3 kg von diesem Salz nachgesättigt.

Außer der im Vorstehenden ausführlich beschriebenen Methode stehen uns an „Schnellverfahren“ noch die nach Low und nach de Haen und Low zur Verfügung, wegen deren jedoch hier der Verweis auf den II. Band des Lehrbuches der Analytischen Chemie von Treadwell genügen mag. Selbstverständlich kann man auch zur elektrolytischen Ausscheidung des Kupfers aus einer entsprechenden Probe des Bades greifen, die man dann so bemißt, daß sie etwa 0.4—0.6 g Metall enthält.

Was nun den zweiten Fall anbelangt, daß aus irgendwelchen Gründen eine vollständige Untersuchung eines Bades vorgenommen werden soll, mögen wir nach den folgenden allgemeinen Anweisungen vorgehen, die man dem besonderen Falle anpaßt.

Wir entnehmen dem betreffenden Bade mit der Pipette eine Probe von 50—100 cm^3, lassen sie in einen 500 cm^3 Erlenmeyer auslaufen, verdünnen mit destilliertem Wasser auf etwa 300 cm^3 und leiten dann flott

Schwefelwasserstoff ein, bis sich das Kupfersulfid zu Flocken geballt hat, worauf wir durch ein 12 cm Weißband-Filter in ein 750 cm^3 Becherglas abfiltrieren — zum Spülen des Erlenmeyer und Waschen des Niederschlages dienen etwa 200 cm^3 Schwefelwasserstoffwasser, denen man 2 cm^3 konzentrierter Schwefelsäure zugesetzt hat. Den Inhalt des Becherglases dampft man in einer tadellos glasierten halbkugeligen Porzellanschale auf dem Wasserbade bis auf etwa 100 cm^3 ein — gelegentlich setzt man etwas Bromsalzsäure zur Oxydation des Schwefels zu — läßt erkalten, neutralisiert mit Ammoniak — wegen der reichlich vorhandenen Schwefelsäure recht vorsichtig — fügt 2 Tropfen Wasserstoffsuperoxyd bei und scheidet in der uns bereits geläufigen Art Eisen, Aluminium und allenfalls Nickel ab. Das Filtrat von der Nickelbestimmung dampft man wiederum auf beiläufig 100 cm^3 ein, spült es in einen 200 cm^3 Kolben, gibt 15—20 Tropfen gelben Schwefelammoniums zu, füllt mit destilliertem Wasser zur Marke auf, schüttelt um und wartet, bis eine allenfalls aufgetretene Trübung von Zinksulfid — ZnS — sich abgesetzt hat. Der über dem Niederschlag stehenden klaren Flüssigkeit entnimmt man dann recht vorsichtig, ohne den Bodenkörper aufzurühren, mit der Pipette 100 cm^3, zur allfälligen Bestimmung von Natrium und Kalium — in dem im Meßkolben verbliebenen Reste dagegen bringt man nach dem Übertragen in ein Becherglas das ZnS mit etwas Salzsäure wieder in Lösung, oxydiert den ausgeschiedenen Schwefel mit Bromsalzsäure und erfaßt schließlich das etwa vorhanden gewesene Zink laut S. 21 als Zinkpyrophosphat, $Zn_2P_2O_7$.

Die Bestimmung des Kupfers geschieht durch Elektrolyse einer anderen Probe des Bades, die man auch hier so bemißt, daß etwa 0.4—0.6 g Metall abgeschieden werden — Eisen und Aluminium wird man nochmals laut der S. 51 gegebenen Anweisungen in einer 10—15 g Kupfersulfat enthaltenden Badprobe erfassen und sich so den Aufschluß mit Kaliumbisulfat ersparen, indem man das niedergeschlagene $Fe(OH)_3 + Al(OH)_3$ wieder löst und das Eisen dann titriert, während man das im oben erläuterten Hauptgange gefällte Gemisch von Metallhydroxyden zu $Fe_2O_3 + Al_2O_3$ verglüht und auswägt. In einer ebensolchen Badprobe bestimmt man ferner laut S. 51 das Cl' und schließlich prüft man noch nach S. 75 auf NH_3.

II. Alkalische Bäder.

4. Alkalische Zinkbäder.

Wie schon früher (S. 65) bemerkt, sind die alkalischen Zinkbäder weitaus weniger wichtig als die „saueren“ — ihre für manche Zwecke schätzenswerte Eigenschaft ist bloß ihre gute „Streuung“ und „Tiefendeckung". (Zur Erläuterung, wie sie aufgebaut sein mögen, betrachten wir am besten zwei Vorschriften aus Dr. Pfanhausers Handbuch[1]), die besagen, daß für 1 l Bad aufzulösen sind:

I.

45 g Kaliumzinkzyanid
15 „ Kaliumzyanid
20 „ Kochsalz
20 „ Ätznatron
2 „ Kaliumquecksilberzyanid.

II.

10 g Zinkchlorid
60 „ Ätzkali
20 „ Ammoniumchlorid.

Die Betriebskontrolle wird sich im allgemeinen wohl darauf beschränken, zunächst in angemessenen Zeitspannen den Gehalt des zu pflegenden Elektrolyten an Metall festzustellen und dann einen in dem Belange schon richtig gestellten Anteil im Probeapparat darauf hin zu prüfen, welche Zusätze ihm sonst noch frommen. Ist also zum Beispiel der Gehalt an Zink in einem Bade, das nach einer der angeführten Vorschriften bereitet worden ist, aus irgendeinem Grunde zu hoch, so wird man einen Posten im Probeapparate erst einmal verdünnen und ist er bereits zu gering, im Probeapparate bei I. die richtige Menge an Kaliumzinkzyanid — $K_2[Zn(CN)_4]$ — und bei II. an Zinkchlorid, im letzteren Falle übrigens auch noch Ätzkali oder Ätznatron beifügen — aber nur dann, wenn sich beim Lösen des Zinkchlorides eine Trübung gezeigt hat und bloß so viel, bis sie eben verschwindet. Hierauf beginnen die weiteren tastenden Versuche — bei einem Ansatze nach der Vorschrift I. mit Zyankalium oder Zyannatrium, bei einem Ansatze nach II. mit Ätzkali oder Ätznatron nebst Chlorammonium. Sie führen meist bald zum gewünschten Erfolge, wenn nicht etwa in altgedienten Lösungen bereits so viel kohlensaures Alkali angehäuft ist, daß man sie verloren geben muß. Ein Vergleich der Dichte einer frisch bereiteten Probe mit der des untersuchten Elektrolyten wird uns dann schon zeigen, was die Glocke geschlagen hat. — —

Zur analytischen Bestimmung des Zinkes nun entnehmen wir dem Bade, um das es sich handelt, mit der Pipette eine solche Menge, daß sie ungefähr 0,6—0,8 g Metall enthält, lassen sie in einen 300 cm³ Erlenmeyerkolben laufen, geben allenfalls noch so viel Wasser zu, daß sich in

[1]) „Die elektrolytischen Metallniederschläge" von D. Pfanhauser, Berlin bei Springer, 1922, S. 541.

ihm etwa 150 cm^3 Flussigkeit befinden, weiter einige Tropfen Methylorange und dann im Abzuge um 10 cm^3 mehr konzentrierte Salzsäure als zur Rötung des Methylorange nötig war. Sodann stellen wir den Kolben im Abzuge auf ein Drahtnetz, erhitzen 15′ lang zum gelinden Sieden, lassen seinen Inhalt wieder erkalten und übertragen ihn in einen 250 cm^3 Meßkolben, in dem sich jedoch zunächst, samt dem zum Spülen des Erlenmeyers gebrauchten Wasser, nicht mehr als etwa 200 cm^3 ansammeln sollen. In diese leiten wir 15—20′ lang einen flotten Strom von Schwefelwasserstoff, spülen das Einleitungsrohr mit ein wenig Wasser ab, füllen zur Marke auf, verschließen, schütteln einige Male gut um und filtrieren durch ein trockenes Weißband-Filter einen 100 cm^3 Meßkolben voll, nachdem wir die ersten durch das Filter gehenden Anteile weglaufen gelassen haben. Den 100 cm^3 Meßkolben entleeren wir in ein 200 cm^3 Becherglas, waschen ihn aus, stellen das Becherglas auf ein Drahtnetz über eine kleine Flamme und erwärmen zur Vertreibung des Schwefelwasserstoffes bis nahe zum Sieden — die Trübung von ausgeschiedenem Schwefel wird durch tropfenweise zugegebene Bromsalzsäure beseitigt. Aus der so vorbereiteten, auf 80—100 cm^3 eingedampften Flüssigkeit entfernen wir mit 2—3 Tropfen Wasserstoffsuperoxyd und Ammoniak in der bekannten Art Eisen, sowie Aluminium und arbeitet schließlich nach den Anweisungen der S. 21 das Zink als Zinkpyrophosphat — $Zn_2P_2O_7$ — aus.

5. Zyankalische Kupferbäder

Zyankalische Kupferbäder sind in ihrem Wesen Lösungen von komplexen Verbindungen der Type $K_6[Cu_2(CN)_8]$, enthalten außerdem eine gewisse zu ihrem guten Ansprechen nötige Menge „freien“ Zyankaliums oder Zyannatriums und schließlich neben anderen Stoffen meist noch schwefligsaure, schwefelsaure, kohlensaure und essigsaure Salze des Ammoniums, des Natriums und des Kaliums. Diese Salze sind nämlich entweder von vornherein, von der Bereitung des Bades her, da oder sie entstehen bei seinem Gebrauche, wie Natriumkarbonat — Na_2CO_3 — sowie Kaliumkarbonat — K_2CO_3 — schon aus dem Zyanalkali des Elektrolyten und der „Kohlensäure“, richtiger dem Kohlensäureanhydrid — CO_2″ — der Luft.

Wie man sieht, sind solche Ansätze gar nicht so einfache Gebilde und die vollständige Analyse eines zyankalischen Kupferbades wäre jedenfalls eine sehr mühsame und zeitraubende Arbeit — sie ist aber auch wohl niemals nötig, da es stets genügt, sich über den Gehalt des betreffenden Elektrolyten an Kupfer zu unterrichten und dann durch Versuche im Probeapparate festzustellen, woran es allenfalls fehlt. Bei einem in guter Verfassung stehenden arbeitenden Bade sind die Anoden, deren Fläche keinesfalls geringer sein darf als die der Waren, schön rosenrot, nur an einzelnen Stellen mit blaugrünem Schlamm bedeckt, der schon beim Reiben mit dem Finger abgeht und sich sofort in der Flüssigkeit der Umgebung löst — keinesfalls darf sich der gefürchtete schokoladenbraune Belag einstellen, dessen Entstehen man übrigens auch sofort daran merkt, daß bei steigender Spannung an den Badklemmen die Stromstärke zu sinken beginnt. An der Ware dagegen muß bei einer nur geringen Gasentwicklung das Kupfer überall gleichmäßig deckend anfallen — bei längerer Arbeit mag es den bekannten sammtartigen Blutton annehmen, ohne dabei jedoch mißfarbig oder fleckig zu werden. Unter dem Striche der Kratzbürste wird dieser Ton dann sofort verschwinden und dem des glänzenden Metalles weichen.

Wie früher bemerkt, muß ein zyankalisches Kupferbad eine im Verhältnis zum vorhandenen Metalle richtig bemessene Menge „freien", das heißt nicht im Komplexe der Reihe $K_6[Cu_2(CN)_8]$ gebundenen Zyanalkalis enthalten, da es sonst nicht gut anspricht. Ist zu wenig Zyanalkali da, so verschlammen die Anoden stark, ohne daß sich der entstandene Schlamm lösen würde, wenn man ihn von den Metallplatten in den Elektrolyten hineinbürstet, während an den eingehängten Waren der Niederschlag träge, oft auch fleckig anfällt. Ist hinwiederum der Anteil an Zyanalkali im Verhältnisse zum Kupfer zu groß, dann bleiben allerdings die Anoden rein, Schlamm zeigt sich fast überhaupt nicht, dagegen an den Waren reichlich Gas und der Niederschlag mag überhaupt ausbleiben. Anderseits soll aber auch der Gehalt eines Bades an Kupfer selbst der Arbeit angepaßt sein, für die wir es verwenden wollen, so daß wir also mit den folgenden Möglichkeiten zu rechnen haben:

Kupfergehalt 1 l	Gehalt an Zyanalkali / 1 l im Verhältnis zum Kupfer / 1 l	Richtigstellung
zu niedrig	zu niedrig	Zusatz von „Zyankupferkalium" und dann von Zyanalkali
	richtig	Zusatz von „Zyankupferkalium", allenfalls von Zyanalkali
	zu hoch	Zusatz von „Zyankupfer" und allenfalls noch von „Zyankupferkalium"
richtig	zu niedrig	Zusatz von Zyanalkali
	richtig	Keine Maßnahme
	zu hoch	Zusatz von „Zyankupfer", dann Verdünnung des Bades
zu hoch	zu niedrig	Verdünnung des Bades, dann Zusatz von Zyanalkali
	richtig	Verdünnung des Bades
	zu hoch	Zusatz von „Zyankupfer", dann Verdünnung des Bades

Einer weiteren Erläuterung für einen denkenden Leser bedarf diese Zusammenstellung wohl nicht, insbesondere dann nicht, wenn er sich gerade hier und beim nächsten Abschnitte über die Messingbäder eine gründliche Durchsicht dessen angelegen sein läßt, was in den am Schlusse unseres Buches angeführten Werken über Galvanotechnik zu diesem Gegenstande gesagt wird.

Wenden wir uns also der Bestimmung des Kupfers in einem zyankalischen Bade zu, wobei wir uns recht kurz fassen können! Wir brauchen nämlich bloß auf die Darlegungen der S 52 verweisen, mit dem Bemerken, daß wir dem zu untersuchenden Bade mit der Pipette eine Probe mit 0,3—0,5 g Kupfer entnehmen, sie in einer Porzellanschale zur Trockne dampfen und den Rückstand genau nach den soeben erwähnten Anweisungen behandeln. Der Feststellung der Dichte eines Bades mit dem Aräometer laut S. 66 ist im allgemeinen keine besondere Bedeutung beizumessen; es kommt vor, daß sich in lange gebrauchten Ansätzen bereits recht beträchtliche Mengen von kohlensauren und anderen Salzen angehäuft haben, welchem Umstande dann auch ihre Dichte entspricht und trotzdem arbeiten sie noch zur Zufriedenheit weiter, wenn nur das richtige Verhältnis zwischen Metall und „freiem“ Zyanalkali aufrecht erhalten wird.

6. Messing-, Bronze- und Tombakbäder.

Solche Bäder sind in ihrem Wesen Lösungen von komplexen Verbindungen der Typen $K_6[Cu_2(CN)_8]$ und $K_2[Zn(CN)_4]$ — sie müssen wiederum „freies“ Zyanalkali enthalten und außerdem sind die Salze vorhanden, deren auf S 84 am Schlusse des ersten Abschnittes unserer Darlegungen uber zyankalische Kupferbäder gedacht wird.

Die Ausfuhrungen des zweiten Absatzes nun geben uns, sinngemäß angewendet, allerdings auch hier erste Anhaltspunkte zur Beurteilung des Verhaltens eines Elektrolyten bei richtigem Gange und beim Auftreten von Störungen — dabei dürfen wir aber nicht übersehen, daß es bei einem Messing- oder einem Bronzebade schon eine schwere Störung ist, wenn zwar aus ihm ein an sich ganz guter Metallniederschlag flott anfällt, jedoch nicht mit der gewünschten Farbe Wegen der Bekämpfung solcher Störungen sei der Leser auf die am Schlusse des Buches angeführten Werke uber Galvanotechnik verwiesen, jedenfalls ist es — trotzdem gewiß noch andere Umstände wichtig sein können — notwendig, daß genügende Mengen von Kupfer und Zink vorhanden sind, beide Metalle im richtigen Verhältnisse zueinander und auch zum „freien“ Zyanalkali. Etwas schulmeisterlich könnte man folgende Übersicht von Möglichkeiten hierzu aufstellen:

Kupfergehalt 1 l	Gehalt an Zink/1 l im Verhältnis zum Kupfer/1 l	Gehalt an Zyanalkali/1 l im Verhältnis zum Metall/1 l
zu niedrig	zu niedrig	zu niedrig richtig zu hoch
	richtig	zu niedrig richtig zu hoch
	zu hoch	zu niedrig richtig zu hoch
richtig	3 Möglichkeiten wie vor	9 Möglichkeiten wie vor
zu hoch	3 Möglichkeiten wie vor	9 Möglichkeiten wie vor

Mit der nötigen Erfahrung, ohne die es hier nun einmal nicht geht, wird man, geleitet von Versuchen im Probeapparate, bald herausbekommen, wo man anzusetzen hat — immer beginne man aber, wenn man wirklich planmäßig arbeiten will, mit der analytischen Bestimmung des Kupfers und des Zinkes.

Sind außer diesen Metallen nur noch Verunreinigungen des Elektrolyten durch Eisenverbindungen in Betracht zu ziehen, so entnehmen wir dem Bade mit der Pipette eine solche Probe, daß sie etwa je 0,3—0,5 g an Kupfer und Zink enthält, dampfen sie in einer Porzellanschale zur Trockne und behandeln dann den Rückstand genau nach den auf S. 52 gegebenen Anweisungen. Dabei vergessen wir nicht, vor der Fällung des Zinkes mit Dimethylglyoxim einzugehen, da Messingbädern manchmal Nickelverbindungen zugesetzt werden, wie auch geringe Mengen von Arseniksäureanhydrid, „Arsenik" — As_2O_3. Etwa vorhandene Arsenverbindungen vertreibt man dann, indem man gleich nach dem Behandeln des Badrückstandes in der Porzellanschale mit Königswasser und vor seiner Weiterverarbeitung mit Schwefelsäure ihn drei- bis viermal mit Bromsalzsäure gut durchfeuchtet und die Säure am Wasserbade wegdampft.

7. Silberbäder.

Ein Silberbad ist in der Regel einfach eine Lösung von Kaliumsilberzyanid — $K[Ag(CN)_2]$ — allenfalls auch von Natriumsilberzyanid — $Na[Ag(CN)_2]$ — in Wasser und enthält außer dem Metallsalz dann noch eine gewisse Menge „freien" Kaliumzyanides — KCN — oder Natriumzyanides — NaCN. Ferner ist, wenn der Elektrolyt aus Chlorsilber — AgCl — bereitet worden ist, noch Kaliumchlorid — KCl — oder Natriumchlorid — NaCl — vorhanden, Kaliumchlorid selbstverständlich auch dann, wenn man sich beim Ansetzen oder Auffrischen des Bades des auf S. 43 erwähnten Präparates bedient hat. Da weiter aus der Luft stets anwesende „Kohlensäure“, richtiger Kohlensäureanhydrid — CO_2 — aufgenommen wird, finden wir auch immer Kaliumkarbonat — K_2CO_3 — und Natriumkarbonat — Na_2CO_3 — und schließlich entstehen durch die Stromarbeit noch geringe Mengen anderer Verbindungen, die für uns hier von geringerer Bedeutung sind. Ob es zweckmäßig ist, einem Silberbade besondere Zusätze zu geben, um seine Wirkung zu verbessern, mag dahingestellt bleiben — dem Verfasser ist es bisher stets gelungen, auch in recht schwierigen Fällen, zum Beispiel bei der Versilberung sehr viel Nickel enthaltender Legierungen oder von Drähten, mit Elektrolyten auszukommen, die bloß Kaliumsilberzyanid und eine angemessene Menge freien Zyankaliums enthalten haben — allerdings muß der Galvanotechniker eben den Gehalt einer Versilberungslösung an Metall, sowie an freiem Zyankalium und schließlich auch ihre Temperatur den besonderen Verhältnissen anzupassen wissen, die stets auch eine richtige Bemessung der Anodenflächen, vielleicht Bewegung des Bades oder noch andere Maßnahmen erheischen. Über all dies findet ja der Leser eingehende Belehrung in den am Schlusse des Werkes angeführten Büchern — wir wollen uns unserem Gegenstande zuwenden und zunächst den Fall betrachten, daß es sich um die Betriebskontrolle in einer Versilberungsanlage handelt.

In einem solchen Falle genügt es dann, ständig den Gehalt der Bäder an Edelmetall, der zwischen 5 und 50 g in 1 l sein mag und den an freiem Zyankalium zu prüfen — letzterer wird meist so eingestellt, daß auf 1 g Silber um 0.6 g freien Zyankaliums kommen, manchmal geht man jedoch bedeutend höher, sogar bis 1.5 g. Man entnimmt ihnen also mit Pipetten, wie sie auf S. 44 beschrieben worden sind, Proben und titriert zunächst nach den auf S. 44 gegebenen Anweisungen das freie Zyankalium mit n/10 $AgNO_3$-Lösung; man richtet es sich auch hier so ein, daß man etwa 20—25 cm³ dieser Titerflüssigkeit verbraucht. Sodann behandelt man weitere Proben der Bäder, um die Gehalte an Silber festzustellen, nach den Darlegungen der S. 56 und schließlich mag man gelegentlich auch noch ermitteln, was bereits an Kaliumkarbonat oder Natriumkarbonat gebildet worden ist. Wir gehen dabei nach S. 47 vor, bedenken jedoch, daß wir unter Umständen bei älteren Bädern mit recht beträchtlichen Gehalten an Karbonat zu rechnen haben und, diesem Umstande entsprechend, eben die Proben bemessen müssen, so zwar, daß wir bei der Titration mit n/2 Säure der Genauigkeit halber nicht weniger als 10 cm³ und der Zweckmäßigkeit halber nicht mehr als 30 cm³ von ihr für jede Bestimmung benötigen.

Hier mag vielleicht ein Wort über die Wirkung des Karbonates in Silberbädern nicht überflüssig sein. Wie es entsteht, ist ja bereits gesagt worden und es ist sicher, daß alte Bäder, die bereits die braungelbe Farbe eines Xeresweines haben, ganz unglaubliche Mengen von ihnen — 80 g und noch darüber — enthalten und trotzdem einwandfrei arbeiten. Ebenso ist es aber sicher, daß ein tadelloses frisches Bad mit ebensoviel Silber und freiem Zyankalium sofort versagen würde, wenn man in ihm einen solchen Posten Kaliumkarbonat löst, wie er in dem alten Elektrolyten vorhanden ist. Worauf dies beruht, ist noch nicht ganz geklärt — wahrscheinlich entstehen eben mit der Zeit in einem gut geführten Bade gewisse Stoffe, die ihm besonders zuträglich sind und das Karbonat unschädlich machen. Was im übrigen dessen Beseitigung anbelangt, ist es ja gewiß richtig, daß sie mit Bariumzyanid — $Ba(CN)_2$ — möglich ist. Wir dürfen aber nicht übersehen, daß bei der Umsetzung:

$$K_2CO_3 + Ba(CN)_2 = 2\,KCN + BaCO_3$$

im Bade unter Umständen sehr bedeutende Mengen von freiem Zyankalium entstehen, die dann wiederum ein Nachsättigen mit Silberzyanid — $AgCN$ — oder Chlorsilber — $AgCl$ — und schließlich eine entsprechende Verdünnung des Elektrolyten erfordern. Es ist daher ratsamer, mit einem Silberbade ohne Rücksicht auf seinen Gehalt an Karbonat so lange fortzuarbeiten, bis es trotz zeitgerechter Zugabe von Zyankalium seinen Dienst versagt und wenn es einmal so weit ist, lieber das in ihm enthaltene Edelmetall zurückzugewinnen,[1]) statt die bei großen Bädern gar nicht so einfache Arbeit mit Bariumzyanid zu beginnen.

8. Goldbäder.

Wegen der Bereitung von Goldbädern, für die wir zahlreiche Vorschriften besitzen, sei auf die am Schlusse dieses Werkes angeführten Bücher verwiesen — abgesehen von den wegen ihres satten Tones manchmal gebrauchten Ansätzen mit Ferrocyankalium oder „gelbem Blutlaugensalz“ — $K_4[Fe(CN)_6]$ — sind sie im Wesen Lösungen von Kaliumgoldzyanür — $K[Au(CN)_2]$ — in Wasser, denen man allenfalls noch sekundäres Natriumphosphat — $Na_2HPO_4 + 12\,H_2O$ — zufügt. Zu „Rotgold-“, „Grüngold-“ und „Weißgoldbädern“ kommt man dann, ausgehend von den gewöhnlichen Goldbädern, durch Beigabe passender Mengen gelösten Zyankupferkaliums, Zyansilberkaliums — also einfach Silberbades — und Zyanzinkkaliums.

---

[1]) Die Langbein-Pfanhauser-Werke A.-G., Leipzig-Sellerhausen, verfügt über ein vom Verfasser ausgearbeitetes sehr rasches und ganz gefahrloses Verfahren zur Ausbringung von Silber und Gold aus Bädern und Spülflüssigkeiten.

Von einer eigentlichen Betriebskontrolle solcher Elektrolyte durch Analysen wird nun wohl in gewöhnlichen galvanotechnischen Betrieben kaum jemals die Rede sein — man arbeitet mit einem Bade in der Regel so lange weiter, als es — allenfalls gelegentlich mit einem Goldpräparate aufgebessert — seine Schuldigkeit tut, wenn dies nicht mehr der Fall ist, braucht man es als „Vorvergoldung" aus und wenn es auch da bereits versagt, gewinnt man das in ihm noch enthaltene Edelmetall zurück und schüttet es dann weg. Wegen der vollständigen Ausbringung der Edelmetallreste in einer ganz außerordentlich raschen Art sei auf die Fußnote der S. 89 verwiesen; der nach dem erwähnten Verfahren gewonnene Niederschlag von Metallen, der vor allen Gold, Silber und Kupfer enthalten mag, kann einer Scheideanstalt übergeben, jedoch ohne weiteres auch so verarbeitet werden, wie es auf S. 42 erläutert worden ist. Man behandelt ihn aber vorerst noch in einer genügend geräumigen halbkugeligen Porzellanschale auf dem Wasserbade mit einer Mischung von gleichen Raumteilen Salpetersäure 1.4 und Wasser zur Lösung der außer dem Golde vorhandenen Metalle. Die überstehende klare Flüssigkeit gießt man recht vorsichtig von dem dunklen Bodensatze ab, wäscht ihn durch wiederholtes Zugeben und Wiederabgießen von Wasser gründlich aus und erst jetzt geht man weiter im Sinne der eben erwähnten Anweisungen vor. Man bringt also den dunklen Bodensatz mit Königswasser in Lösung, dampft auf dem Wasserbade zur Trockne, dampft noch zweimal mit etwas Salzsäure ab, nimmt den Rückstand mit Wasser und einigen Tropfen Salzsäure auf, filtriert, scheidet das Gold mit Eisensulfat aus und reinigt es schließlich durch sorgfältiges Waschen mit Wasser und Auskochen mit Schwefelsäure.

C. Verschiedene Zusammenstellungen.

Die für den Galvanotechniker wichtigsten Elemente.

Name des Elementes	Zeichen	Atomgewicht	Logarithmus des Atomgewichts
Aluminium	Al	26.97	1.43088
Antimon	Sb	121.8	2.08565
Arsen	As	74.96	1.87483
Barium	Ba	137.4	2.13799
Blei	Pb	207.2	2.31639
Bor	B	10.82	1.03423
Brom	Br	79.92	1.90266
Chlor	Cl	35.46	1.54974
Chrom	Cr	52.01	1.71609
Eisen	Fe	55.84	1.74695
Gold	Au	197.2	2.29491
Kadmium	Cd	112.4	2.05077
Kalium	K	39.1	1.59218
Kalzium	Ca	40.07	1.60282
Kobalt	Co	58.97	1.77063
Kohlenstoff	C	12.00	1.07918
Kupfer	Cu	63.57	1.80325
Mangan	Mn	54.93	1.73981
Magnesium	Mg	24.32	1.38596
Molybdän	Mo	96.0	1.98227
Natrium	Na	23.0	1.36173
Nickel	Ni	58.68	1.76849
Palladium	Pd	106.7	1.02816
Phosphor	P	31.04	1.49192
Platin	Pt	195.2	2.29048
Quecksilber	Hg	200.6	2.30233
Sauerstoff	O	16.0	1.20412
Schwefel	S	32.07	1.50610
Silber	Ag	107.88	2.03294
Stickstoff	N	14.008	1.14638
Wasserstoff	H	1.008	0.00346
Wismut	Bi	209.0	2.32015
Zink	Zn	65.37	1.81538
Zinn	Sn	118.7	2.07445

Die für den Galvanotechniker wichtigsten chemischen Verbindungen.

a) Anorganische Verbindungen.

Name	Formel	Mol-gewicht	Logarithmus des Mol-gewichtes
Alaun siehe			
Ammoniumalaun			
Ammoniumeisenalaun			
Chromalaun			
Kaliumalaun			
Aluminiumoxyd	Al_2O_3	101.94	2.00834
Aluminiumsulfat, wasserfrei .	$Al_2(SO_4)_3$	342.15	2.53422
Aluminiumsulfat mit Kristallwasser	$Al_2(SO_4)_3 + 18H_2O$	666.42	2.82375
Ammoniak	NH_3	17.03	1.23121
Ammoniumalaun	$AlNH_4(SO_4)_2 + 12H_2O$	453.34	2.65651
Ammoniumchlorid	NH_4Cl	53.50	1.72835
Ammoniumeisenalaun . . .	$FeNH_4(SO_4)_2 + 12H_2O$	482.21	2.68324
Ammoniummagnesiumphosphat	$NH_4MgPO_4 + 6H_2O$	245.5	2.39005
Ammoniummolybdat	$(NH_4)_2MoO_4$	196.1	2.29248
Ammoniumpersulfat	$(NH_4)_2S_2O_5$	228.22	2.35835
Ammoniumphosphormolybdat .	$(NH_4)_2PO_412MoO_3 + 6H_2O$	1985.3	3.29783
Ammoniumplatinchlorid (Platinsalmiak)	$(NH_4)_2PtCl_6$	444.0	2.64738
Ammoniumsulfat	$(NH_4)_2SO_4$	132.15	2.12107
Ammoniumzinkphosphat . .	NH_4ZnPO_4	178.45	2.25152
Antimonchlorid	$SbCl_5$	299.1	2.47582
Antimonchlorür	$SbCl_3$	228.2	2.35832
Arsenigsäureanhydrid . . .	As_2O_3	197.92	2.29649
Bariumchlorid	$BaCl_2 + 2H_2O$	244.4	2.38810
Bariumsulfat	$BaSO_4$	233.5	2.36829
Bleichlorid	$PbCl_2$	278.1	2.44420
Bleinitrat	$Pb(NO_3)_2$	331.2	2.52009
Bleioxyd (Bleiglätte)	PbO	223.2	2.34869
Bleisulfat	$PbSO_4$	303.3	2.48188
Bleisuperoxyd	PbO_2	239.2	2.37876
Borax siehe Natriumborat			
Borsäure	H_3BO_3	61.89	1.79162
Bromwasserstoff	HBr	80.93	1.90811
Chlorwasserstoff	HCl	36.47	1.56194
Chromalaun	$KCr(SO_4)_2 + 12H_2O$	499.4	2.69845
Chromsäureanhydrid	CrO_3	100.0	2.00000
Chromsulfat	$Cr_2(SO_4)_3$	392.2	2.59351
Eisenalaun siehe Ammoniumeisenalaun			

Name	Formel	Mol-gewicht	Logarithmus des Mol-gewichtes
Eisenammoniumsulfat . . .	$FeSO_4(NH_4)_2SO_4 + 6H_2O$	392.16	2.59346
Eisenchlorid	$FeCl_3$	162.22	2.21010
Eisenchlorür mit Kristallwasser	$FeCl_2 + 4H_2O$	198.82	2.29846
Eisenoxyd	Fe_2O_3	159.68	2.20325
Eisenoxyduloxyd	Fe_3O_4	231.52	2.36459
Eisenoxydulsulfat	$FeSO_4 + 7H_2O$	278.01	2.44406
Goldchlorid	$AuCl_3$	303.6	2.48230
Goldchloridchlorwasserstoffsäure	$HAuCl_4 + 4H_2O$	412.1	2.61500
Kadmiumchlorid	$CdCl_2 + 2H_2O$	219.4	2.34124
Kadmiumsulfat			
mit Kristallwasser	$3CdSO_4 + 8H_2O$	769.51	2.88621
ohne Kristallwasser . . .	$CdSO_4$	208.5	2.31911
Kaliumalaun	$KAl(SO_4)_2 + 12H_2O$	474.4	2.67614
Kaliumbichromat	$K_2Cr_2O_7$	294.2	2.46864
Kaliumbisulfat	$KHSO_4$	136.18	2.13411
Kaliumbromat	$KBrO_3$	167.02	2.22277
Kaliumchlorid	KCl	74.56	1.87251
Kaliumchlorat	$KClO_3$	122.56	2.08835
Kaliumgoldchlorid	$KAuCl_4 + {}^1/_2H_2O$	387.1	2.58782
Kaliumhydroxyd, wasserfrei .	KOH	56.11	1.74904
Kaliumkarbonat, wasserfrei (Pottasche)	K_2CO_3	138.20	2.14051
Kaliumjodid	KJ	166.02	2.22016
Kaliumkobaltnitrit	$K_3[Co(NO_2)_6]$	452.3	2.65543
Kaliumnitrat	KNO_3	101.11	2.00475
Kaliumnitrit	KNO_2	85.11	1.92998
Kaliumperchlorat	$KClO_4$	138.56	2.14164
Kaliumpermanganat	$KMnO_4$	158.03	2.19874
Kaliumplatinchlorid	K_2PtCl_6	486.16	2.68678
Kaliumsulfat	K_2SO_4	174.27	2.24122
Kalziumchlorid, wasserfrei . .	$CaCl_2$	110.99	2.04528
Kalziumkarbonat	$CaCO_3$	100.07	2.00030
Kalziumoxyd	CaO	56.07	1.74873
Kalziumsulfat mit Kristallwasser (Gyps)	$CaSO_4 + 2H_2O$	172.17	2.23596
Kalziumsulfat, wasserfrei (Anhydrit, gebrannter Gyps) .	$CaSO_4$	136.14	2.13399
Kobaltammoniumsulfat . . .	$(NH_4)_2Co(SO_4)_2 + 6H_2O$	395.51	2.59716
Kobaltsulfat	$CoSO_4 + 7H_2O$	281.15	2.44894
Kobaltsulfat, wasserfrei . . .	$CoSO_4$	155.04	2.19044
Kohlensäureanhydrid	CO_2	44.0	1.64345
Kupferchlorid mit Kristallwasser	$CuCl_2 + 2H_2O$	170.52	2.23178
Kupferkarbonat (Bergblau) . .	$2Cu(CO_3)Cu(OH)_2$	344.73	2.53748

Name	Formel	Mol-gewicht	Logarithmus des Mol-gewichtes
Kupfernitrat	$Cu(NO_3)_2 + 3H_2O$	241.64	2.38317
Kupferoxyd	CuO	79.57	1.90075
Kupferoxydul	Cu_2O	143.14	2.15576
Kupfersulfat	$CuSO_4 + 5H_2O$	249.71	2.39744
Kupfersulfid	CuS	95.63	1.98059
Kupfernilfür	Cu_2S	159.2	2.20194
Magnesiumchlorid			
mit Kristallwasser	$MgCl_2 + 6H_2O$	203.34	2.30822
wasserfrei	$MgCl_2$	95.24	1.97882
Magnesiumpyroarseniat . . .	$Mg_2As_2O_7$	310.56	2.49215
Magnesiumpyrophosphat . .	$Mg_2P_2O_7$	222.72	2.34776
Magnesiumsulfat			
mit Kristallwasser (Bittersalz)	$MgSO_4 + 7H_2O$	246.50	2.39182
(Kieserit)	$MgSO_4 + 1H_2O$	138.41	2.14117
Manganoxyduloxyd	Mn_3O_4	228.79	2.35944
Manganosulfat	$MnSO_4 + 4H_2O$	223.06	2.34842
Mangansuperoxyd (Braunstein)	MnO_2	86.93	1.93917
Mennige	Pb_3O_4	685.6	2.83607
Natriumammoniumphosphat			
(Phosphorsalz)	$NaNH_4HPO_4 + 4H_2O$	209.15	2.32046
Natriumbichromat	$Na_2Cr_2O_7 + 2H_2O$	298.0	2.47422
Natriumbikarbonat	$NaHCO_3$	84.01	1.92433
Natriumborat (Borax) . . .	$Na_2B_4O_7 + 10H_2O$	381.44	2.58143
Natriumchlorid	$NaCl$	58.46	1.76686
Natriumhydroxyd	$NaOH$	40.01	1.60217
Natriumkarbonat			
wasserfrei (kalzinierte Soda, Ammoniaksoda)	Na_2CO_3	106.00	2.02531
mitKristallwasser(Waschsoda)	$Na_2CO_3 + 10H_2O$	286.16	2.45661
(Feinsoda)	$Na_2CO_3 + 1H_2O$	124.02	2.09349
Natriummolybdat	Na_2MoO_4	206.0	2.31387
Natriumnitrat	$NaNO_3$	85.01	1.92947
Natriumnitrit	$NaNO_2$	69.01	1.83891
Natriumphosphat, sekundär .	$Na_2HPO_4 + 12H_2O$	358.24	2.55417
Natriumpyrophosphat . . .	$Na_4P_2O_7 + 10H_2O$	446.24	2.64957
Natriumsulfantimoniat			
(Schlippesches Salz) . . .	$Na_3SbS_4 + 9H_2O$	481.2	2.68233
Natriumsulfat			
wasserfrei (kalziniert) . .	Na_2SO_4	142.07	2.15250
mit Kristallwasser (Glaubersalz)	$Na_2SO_4 + 10H_2O$	322.23	2.50817
Natriumsulfid			
(Schwefelnatrium)	$Na_2S + 9H_2O$	240.21	2.38059
Natriumsulfit, neutral . . .	$Na_2SO_3 + 7H_2O$	252.18	2.40171

Name	Formel	Mol-gewicht	Logarithmus des Mol-gewichtes
Natriumsulfit, sauer	$NaHSO_3$	104.08	2.01737
Natriumsuperoxyd	$Na_2O_2 + 8H_2O$	222.13	2.34661
Natriumthiosulfat (unterschwefligsaures Natrium, Fixiersalz)	$Na_2S_2O_3 + 5H_2O$	248.22	2.39484
Nickelammoniumsulfat . . .	$(NH_4)_2Ni(SO_4)_2 + 6H_2O$	395.22	2.59684
Nickelchlorür	$NiCl_2 + 6H_2O$	237.7	2.37603
Nickelkarbonat, basisch, bei 100° C getrocknet	$NiCO_3 4NiO\ 5H_2O$	507.44	2.70538
Nickelsulfat	$NiSO_4 + 7H_2O$	280.85	2.44847
Nickelsulfat, wasserfrei . . .	$NiSO_4$	154.75	2.18963
Phosphorsäure (Ortho) . . .	H_3PO_4	98.06	1.99149
Platinchlorid	$PtCl_4 + 8H_2O$	481.1	2.68224
Platinchloridchlorwasserstoffsäure	$H_2PtCl_6 + 6H_2O$	518.1	2.71441
Quecksilberchlorid (Sublimat) .	$HgCl_2$	271.5	2.43377
Quecksilberchlorür (Kalomel) .	Hg_2Cl_2	472.1	2.67403
Quecksilberoxydnitrat (Mercurinitrat)	$Hg(NO_3)_2 + 8H_2O$	468.7	2.67090
Quecksilberoxydsulfat (Mercurisulfat)	$HgSO_4$	296.7	2.47232
Quecksilberoxydulnitrat (Mercuronitrat)	$2HgNO_3 + H_2O$	543.2	2.73496
Quecksilberoxydulsulfat (Mercurosulfat)	Hg_2SO_4	497.3	2.69662
Quecksilbersulfid	HgS	232.67	2.36674
Salzsäure siehe Chlorwasserstoff			
Salpetersäure	HNO_3	63.02	1.79948
Schwefeldioxyd	SO_2	64.07	1.80665
Schwefelsäure	H_2SO_4	98.09	1.99162
Schwefeltrioxyd	SO_3	80.07	1.90347
Schwefelwasserstoff	H_2S	34.09	1.53263
Silberchlorid	$AgCl$	143.34	2.15637
Silbernitrat	$AgNO_3$	69.89	2.23017
Silbersulfat	Ag_2SO_4	311.83	2.49392
Wasser	H_2O	18.02	1.25575
Wasserstoffsuperoxyd . . .	H_2O_2	34.02	1.53173
Zinkchlorid	$ZnCl_2$	136.29	2.13446
Zinkoxyd	ZnO	81.37	1.91046
Zinkpyrophosphat	$Zn_2P_2O_7$	304.82	2.48404
Zinksulfat	$ZnSO_4 + 7H_2O$	287.55	2.45871
Zinnchlorür, kristallisiert . .	$SnCl_2 + 2H_2O$	225.7	2.35353
Zinnoxyd	SnO_2	150.7	2.17811

b) Verschiedene organische Verbindungen.

Name	Formel	Mol-gewicht	Logarithmus des Mol-gewichtes
Äthylalkohol	C_2H_5OH	46.05	1.66323
Äthyläther	$C_4H_{10}O$	74.08	1.86970
Azeton	C_2H_6O	58.05	1.76380
Bleiazetat (Bleizucker) . . .	$(C_2H_3O_2)_2Pb + 3H_2O$	325.2	2.51215
Dimethylglyoxim	$C_4H_8N_2O_2$	116.08	2.06476
Essigsäure	$C_2H_4O_2$	60.03	1.77837
Kaliumantimonyltartrat (Brechweinstein)	$C_4H_4O_7SbK + \frac{1}{2}H_2O$	341.2	2.53301
Kaliumnatriumtartrat (Seignettesalz)	$C_4H_4O_6KNa + 4H_2O$	282.3	2.45071
Kupferazetat	$(C_2H_3O_2)_2Cu + H_2O$	199.63	2.30023
Natriumazetat	$C_2H_3O_2Na + 3H_2O$	136.06	2.13373
Natriumzitrat	$C_6H_5O_7Na_3 + 5H_2O$	348.04	2.54163
Nickeldimethylglyoxim . . .	$NiC_8H_{14}N_4O_4$	288.79	2.46058
Schwefelkohlenstoff	CS_2	76.14	1.88161
Tetrachloräthan	$C_2H_2Cl_4$	167.8	2.22479
Tetrachlorkohlenstoff . . .	CCl_4	153.8	2.18696
Trichloräthylen	C_2HCl_3	131.4	2.11860
Weinsäure	$C_4H_6O_6$	150.05	2.17624
Zinkazetat	$(C_2H_3O_2)_2Zn + 2H_2O$	219.43	2.34130
Zitronensäure	$C_6H_8O_7 + 1H_2O$	210.08	2.32238

c) Zyanverbindungen.

Name	Formel	Mol-gewicht	Logarithmus des Mol-gewichtes
Ammoniumsulfozyanat . . .	NH_4CNS	76.12	1.88150
Bariumzyanid	$Ba(CN)_2$	189.4	2.27738
Goldzyanid	$Au(CN)_3 + 3H_2O$	329.3	2.51759
Goldzyanür	$AuCN$	223.2	2.34869
Kadmiumzyanid	$Cd(CN)_2$	164.4	2.21590
Kaliumferrizyanid (Ferrizyankalium, rotes Blutlaugensalz)	$K_3[Fe(CN)_6]$	329.19	2.51745
Kaliumferrozyanid (Ferrozyankalium, gelbes Blutlaugensalz)	$K_4[Fe(CN)_6] + 3H_2O$	422.34	2.62566
Kaliumgoldzyanid	$2K[Au(CN)_4] + 3H_2O$	734.62	2.86606
Kaliumgoldzyanür	$K[Au(CN)_2]$	288.30	2.45984
Kaliumkadmiumzyanid . . .	$K_2[Cd(CN)_4]$	294.60	2.46923
Kaliumkupferzyanüre			
a)	$K_6[Cu_2(CN)_8]$	569.74	2.75568
b) Tetrakaliumcuprocyanid (technisches Zyankupferkalium)	$K_4[Cu_2(CN)_6]$	439.54	2.64300
Kaliumsilberzyanid	$K[Ag(CN)_2]$	199.00	2.29885
Kaliumsulfozyanat	$KCNS$	97.18	1.98758

Name	Formel	Mol-gewicht	Logarithmus des Mol-gewichtes
Kaliumzinkzyanid (Zyanzinkkalium)	$K_2[Zn(CN)_4]$	247.57	2.39370
Kaliumzyanid	KCN	65.11	1.81365
Kupferzyanür (Zyankupfer, weiß) . . .	CuCN	89.58	1.95221
Kupferzyanürzyanid (Zyankupfer, grün)	$Cu(CN)_2(CuCN)_2 + 5H_2O$	384.78	2.58521
Natriumzyanid	NaCN	49.01	1.69028
Silberzyanid	AgCN	133.89	2.12675
Zinkzyanid (Zyanzink) . . .	$Zn(CN)_2$	117.39	2.06963

Metallgehalt einiger

Name der Verbindung	Formel
Bleinitrat	$Pb(NO_3)_2$
Bleiazetat (Bleizucker)	$(C_2H_3O_2)_2Pb + 3H_2O$
Bleioxyd	PbO
Chromsäureanhydrid	CrO_3
Eisenammoniumsulfat	$FeSO_4(NH_4)_2SO_4 + 6H_2O$
Eisenchlorür	$FeCl_2 + 4H_2O$
Eisenchlorid	$FeCl_3$
Eisenoxydulsulfat	$FeSO_4 + 7H_2O$
Kadmiumchlorid	$CdCl_2 + 2H_2O$
Kadmiumsulfat mit Kristallwasser	$3CdSO_4 + 8H_2O$
„ ohne Kristallwasser	$CdSO_4$
Kadmiumzyanid	$Cd(CN)_2$
Kaliumkadmiumzyanid	$K_2[Cd(CN)_4]$
Kaliumkupferzyanüre	
a)	$K_6[Cu_2(CN)_8]$
b) Tetrakaliumcuprocyanid, technisches „Zyankupferkalium“	$K_4[Cu_2(CN)_6]$
Kaliumsilberzyanid	$K[Ag(CN)_2]$
Kaliumzinkzyanid, „Zyanzinkkalium“	$K_2[Zn(CN)_4]$
Kobaltammoniumsulfat	$(NH_4)_2CO(SO_4)_2 + 6H_2O$
Kobaltsulfat	$CoSO_4 + 7H_2O$
Kupferazetat	$(C_2H_3O_2)_2Cu + H_2O$
Kupferchlorid mit Kristallwasser	$CuCl_2 + 2H_2O$
Kupferkarbonat (Bergblau)	$2CuCO_3Cu(OH)_2$
Kupfernitrat	$Cu(NO_2)_2 + 3H_2O$
Kupferoxyd	CuO
Kupfersulfat	$CuSO_4 + 5H_2O$
Kupferzyanürzyanid (Zyankupfer, grün)	$Cu(CN)_2(CuCN)_2 + 5H_2O$
Kupferzyanür	$CuCN$
Nickelammoniumsulfat	$(NH_4)_2Ni(SO_4)_2 + 6H_2O$
Nickelchlorür	$NiCl_2 + 6H_2O$
Nickelkarbonat, basisch, bei 100° C getrocknet	$NiCO_34NiO,5H_2O$
Nickelsulfat	$NiSO_4 + 7H_2O$
Silberchlorid	$AgCl$
Silbernitrat	$AgNO_3$
Silbersulfat	$AgSO_4$
Silberzyanid (Zyansilber)	$AgCN$
Zinkazetat	$(C_2H_3O_2)_2Zn + 2H_2O$
Zinkchlorid	$ZnCl_2$
Zinkoxyd	ZnO
Zinksulfat	$ZnSO_4 + 7H_2O$
Zinkzyanid (Zyanzink)	$Zn(CN)_2$
Zinnchlorür, kristallisiert	$SnCl_2 + 2H_2O$

chemischer Verbindungen.

1 Gewichtsteil der Verbindung enthält Gewichtsteile Metall	Logarithmus nebenstehenden Wertes	1 Gewichtsteil Metall ist enthalten in Gewichtsteilen Verbindung	Logarithmus nebenstehenden Wertes
0.6256	0.79630—1	1.5989	0.20370
0.6371	0.80424—1	1.5695	0.19576
0.9283	0.96770—1	1.0772	0.03230
0.5201	0.71609—1	1.9227	0.28391
0.1424	0.15349—1	7.0229	0.84651
0.2809	0.44849—1	3.5605	0.55151
0.3442	0.53685—1	2.9050	0.46315
0.2009	0.30289—1	4.9787	0.69711
0.5123	0.70953—1	1.9520	0.29047
0.1460	0.16456—1	6.8461	0.83544
0.5391	0.73166—1	1.8550	0.26834
0.6837	0.83487—1	1.4626	0.16513
0.3815	0.58154—1	2.6210	0.41846
0.2232	0.34860—1	4.4812	0.65140
0.2893	0.46128—1	3.4572	0.53872
0.5421	0.73409	1.8446	0.26591
0.2640	0.42168	3.7872	0.57832
0.1491	0.17347—1	6.7070	0.82653
0.2097	0.32169—1	4.7677	0.67831
0.3184	0.50302—1	3.1403	0.49698
0.3728	0.57147—1	2.6824	0.42853
0.5532	0.74289—1	1.8076	0.25711
0.2631	0.42008—1	3.8012	0.57992
0.7989	0.90250—1	1.2517	0.09750
0.2546	0.40581—1	3.9281	0.59419
0.4956	0.69516—1	2.0176	0.30484
0.7096	0.85104—1	1.4092	0.14896
0.1485	0.17165—1	6.7352	0.82835
0.2469	0.39246—1	4.0508	0.60754
0.5782	0.76208—1	1.7295	0.23792
0.2089	0.32002—1	4.7861	0.67998
0.7526	0.87657—1	1.3287	0.12343
0.6350	0.80277—1	1.5748	0.19723
0.3460	0.53902—1	2.8905	0.46098
0.8057	0.90619—1	1.2411	0.09381
0.2979	0.47408—1	3.3567	0.52592
0.4797	0.68092—1	2.0849	0.31908
0.8034	0.90492—1	1.2448	0.09508
0.2273	0.35667—1	4.3988	0.64333
0.5569	0.74575—1	1.7958	0.25425
0.5259	0.72092—1	1.9014	0.27908

Löslichkeit einiger wichtiger Verbindungen in Wasser*).

Name	Löslich in 100 Gewichtsteilen Wasser von	
	10° C Gewichtsteile	100° C Gewichtsteile
Aluminiumsulfat (auf wasserfreies Salz berechnet)	35	1130
Ammoniumalaun	9	422
Ammoniumchlorid	33	73
Ammoniumsulfat	73.6	97.5
Arsenige Säure	4	9.5
Bleinitrat	48	139
Bleiazetat (Bleizucker)	45.35	sehr löslich
Borsäure	2.7	29
Chromsäureanhydrid	sehr löslich	sehr löslich
Eisenammonsulfat (auf wasserfreies Salz berechnet)	17	56.7 bei 75° C
Eisenoxydulsulfat	61	333
Ferrocyankalium (gelbes Blutlaugensalz)	28	50
Kadmiumchlorid	140	149
Kadmiumsulfat	95	80
Kaliumalaun	9.8	357.5
Kaliumantimonyltartrat (Brechweinstein)	5.2	28 bei 75° C
Kaliumbichromat	8.0	98
Kaliumkarbonat	109	156
Kaliumzyanid	löslich	zersetzlich
Kaliumkupferzyanür	94	154
Kaliumnatriumtartrat (Seignettesalz)	58	sehr löslich
Kaliumnitrat	21.1	247
Kaliumpermanganat	6.45	sehr löslich
Kaliumsilberzyanid	12.5	100
Kaliumzinkzyanid	42	78.5
Kobaltammonsulfat (auf wasserfreies Salz berechnet)	11.6	43.3 bei 75° C
Kobaltsulfat (auf wasserfreies Salz berechnet)	30.5	67.5 bei 70° C
Kupferazetat	7.4	20
Kupferchlorid	löslich	sehr löslich
Kupfersulfat	37	203
Magnesiumsulfat (Bittersalz)	31.5	71.5
Natriumbichromat	108.5	163
Natriumkarbonat, wasserfrei (kalzinierte Soda)	12	45
Natriumkarbonat, kristallisiert (Waschsoda)	40	540 bei 104° C
Natriumchlorid	36	40.7 bei 102° C
Natriumhydroxyd	96.1	213
Natriumthiosulfat (wasserfreies Salz)	65	102 bei 60° C
Natriumphosphat, sekundär	20	150

*) Nach: „Die elektrolytischen Metallniederschläge“ von Dr. W. Pfanhauser.

Name	Löslich in 100 Gewichtsteilen Wasser von 10° C Gewichtsteile	100° C Gewichtsteile
Natriumpyrophosphat	6.8	93
Natriumsulfat (Glaubersalz)	9	42.5
Natriumsulfit, neutral	25	100
Nickelchlorür	50—66	sehr löslich
Nickelammonsulfat (auf wasserfreies Salz berechnet)	3.2	28.6
Nickelsulfat (auf wasserfreies Salz berechnet)	37.4	62 bei 70° C
Quecksilberchlorid (Sublimat)	6.57	54
Quecksilberoxydnitrat	zersetzlich	zersetzlich
Quecksilberoxydsulfat	zersetzlich	zersetzlich
Quecksilberoxydulnitrat	wenig löslich	wenig löslich
Quecksilberoxydulsulfat	sehr wenig löslich	zersetzlich
Silbernitrat	122 bei 0° C 227 bei 19.5° C	714 bei 85° C 1111 bei 110° C
Weinsäure	125.7	343.3
Zinkchlorid	300	sehr löslich
Zinksulfat	138.2	653.6
Zinnchlorür	271	zersetzlich
Zitronensäure	133	sehr löslich

Dichten, Schmelzpunkte, Siedepunkte und spezifische Widerstände einiger Stoffe.

Name des Stoffes	Dichte, Wasser 4° C = 1	Schmelzpunkt rund °C	Siedepunkt rund °C	Bei 15° C spezifischer Widerstand 10
Aluminium	2.70	658	—	0.029—0.030
Äthylalkohol	0.789	—	78	—
Äthyläther	0.714	—	35	—
Antimon	9.80	630		0.390
Azeton	0.792	—	56	—
Blei	11.34	327	—	0.208—0.210
Chrom	6.70	etwa 1550	—	—
Eisen	7.85—7.88*)	1525	—	0.120—0.140*)
Gold	19.25	1063	—	0.022—0.024
Kadmium	8.64	321	—	0.076
Kadmiumchlorid	—	770	—	—
Kaliumkarbonat, wasserfrei	—	etwa 890	—	—
Kaliumnitrat	—	337	—	—
Kaliumnitrit	—	298	—	—
Kaliumzyanid	—	624	—	—
Kobalt	8.83	1490	—	0.100
Kupfer	8.93	1084	—	0.0163—0.0175

*) Weiche, an Kohlenstoffen und Silizium arme Blech- und Drahtsorten.

Name des Stoffes	Dichte, Wasser 4^0 C = 1	Schmelzpunkt rund °C	Siedepunkt rund °C	Bei 15^0 C spezifischer Widerstand 10
Magnesium	1.75	650	—	0.043
Natriumborat, wasserfrei (Borax)	—	741	—	—
Natriumchlorid	—	800	—	—
Natriumkarbonat, wasserfrei	—	853	—	—
Natriumnitrat	—	310	—	—
Natriumnitrit	—	277	—	—
Natriumsulfat, wasserfrei	—	885	—	—
Nickel	8.80	1452	—	0.110—0.130
Palladium	11.50	1557	—	—
Platin	21.40	1764	—	0.094—0.110
Quecksilber	13.60	—389	357	0.958
Schwefel, rhombisch	2.07	112.8	—	—
Schwefel, monoklin	1.96	119.2	444.5	—
Schwefel, amorph	1.92	—	—	—
Schwefelkohlenstoff	1.26	—	46	—
Silber	10.50	961	—	0.0159—0.0172
Silbernitrat	—	209	—	—
Tetrachloräthan	1.55	—	131	—
Tetrachlorkohlenstoff	1.59	—	77	—
Trichloräthylen	1.47	—	87	—
Wismut	9.80	271	—	1.100—1.400
Zink	7.10	419	—	0.059—0.060
Zinn	7.28	232	—	0.110—0.140

Wichtige Faktoren und deren Logarithmen zum Berechnen der häufiger vorkommenden Analysen.

Gesucht	Gefunden	Faktor	Logarithmus
$AgNO_3$	AgCl	1.1852	0.07379
Al	Al_2O_3	0.5291	0.72357—1
As	$Mg_2A_2O_7$	0.4827	0.68371—1
As_2O_3	$Mg_2A_2O_7$	0.6373	0.80434—1
Cl	Ag	0.3287	0.51680—1
Cl	AgCl	0.2474	0.39337—1
Co	$K_3[Co(NO_2)_6]$	0.1304	0.11520—1
$CoSO_4$	$K_3[Co(NO_2)_6]$	0.3428	0.53501—1
$CoSO_4 + 7H_2O$	$K_3[Co(NO_2)_6]$	0.6216	0.79351—1
$(NH_4)_2Co(SO_4)_2 + 6H_2O$	$K_3[Co(NO_2)_6]$	0.8744	0.94173—1
Fe	Fe_2O_3	0.6994	0.84473—1
$FeCl_2 + 4H_2O$	Fe_2O_3	2.4902	0.39624
$FeCl_3$	Fe_2O_3	2.0318	0.30788
$FeSO_4 + 7H_2O$	Fe_2O_3	3.4820	0.54184
$(NH_4)_2Fe(SO_4)_2 + 6H_2O$	Fe_2O_3	4.9118	0.69124
HCl	Ag	0.3381	0.52900—1
HCl	AgCl	0.2544	0.40557—1

Gesucht	Gefunden	Faktor	Logarithmus
H_2SO_4	$BaSO_4$	0.4201	0.62333—1
Hg	HgS	0.8622	0.93559—1
$HgCl_2$	HgS	1.1669	0.06703
$2HgNO_3 + H_2O$	HgS	1.1673	0.06719
$Hg(NO_3)_2 + 8H_2O$	HgS	2.0144	0.30416
Hg_2SO_4	HgS	1.0687	0.02885
$HgSO_4$	HgS	1.2752	0.10558
K	KCl	0.5244	0.71967—1
K	K_2SO_4	0.4487	0.65199—1
K	$KClO_4$	0.2822	0.45054—1
KCl	Ag	0.6911	0.83957—1
KCl	AgCl	0.5202	0.71614—1
KCl	$KClO_4$	0.5381	0.73087—1
KCl	K_2SO_4	0.8557	0.93232—1
KCN	KCl	0.8733	0.94114—1
KCN	K_2SO_4	0.7472	0.87346—1
KCN	Ag	0.6035	0.78071—1
KCN	AgCl	0.4542	0.65728—1
K_2SO_4	$BaSO_4$	0.7463	0.87293—1
Mg	$Mg_2P_2O_7$	0.2184	0.33923—1
$MgCl_2$	$Mg_2P_2O_7$	0.8552	0.93209—1
$MgCl_2 + 6H_2O$	$Mg_2P_2O_7$	1.8260	0.26149
$MgSO_4$	$Mg_2P_2O_7$	1.0811	0.03386
$MgSO_4 + 7H_2O$	$Mg_2P_2O_7$	2.2135	0.34509
Na	NaCl	0.3934	0.59487—1
Na	Na_2SO_4	0.3238	0.51026—1
NaCl	Na_2SO_4	0.8230	0.91539—1
NaCN	Na_2SO_4	0.6899	0.83881—1
NaCN	NaCl	0.8383	0.92342—1
NaCN	Ag	0.4543	0.65734—1
$NaHSO_3$	$BaSO_4$	0.4457	0.64908—1
$NaHSO_3$	Na_2SO_4	0.7326	0.86487—1
$Na_2SO_3 + 7H_2O$	Na_2SO_4	1.7750	0.24921
$Na_2SO_3 + 7H_2O$	$BaSO_4$	1.0800	0.03342
Na_2SO_4	$BaSO_4$	0.6084	0.78421—1
$Na_2SO_4 + 10H_2O$	$BaSO_4$	1.3800	0.13988
Ni	$NiC_8H_{14}N_4O_4$	0.2032	0.30791—1
$NiCl_2 + 6H_2O$	$NiC_8H_{14}N_4O_4$	0.8231	0.91545—1
$NiSO_4$	$NiC_8H_{14}N_4O_4$	0.5359	0.72905—1
$NiSO_4 + 7H_2O$	$NiC_8H_{14}N_4O_4$	0.9725	0.98789—1
$(NH_4)_2NiSO_4 + 6H_2O$	$NiC_8H_{14}N_4O_4$	1.3685	0.13626—1
Pb	PbO_2	0.8662	0.93762—1
Pb	$PbSO_4$	0.6832	0.83455—1
SO_2	$BaSO_4$	0.2744	0.43836—1
SO_3	$BaSO_4$	0.3429	0.53518—1
SO_4	$BaSO_4$	0.4114	0.61430—1
Sn	SnO_2	0.7877	0.89634—1
Zn	$Zn_2P_2O_7$	0.4289	0.63237—1
$Zn(C_2H_3O_2)_2 + 2H_2O$	$Zn_2P_2O_7$	1.4397	0.15829
$Zn(CN)_2$	$Zn_2P_2O_7$	0.7702	0.88662—1
$ZnCl_2$	$Zn_2P_2O_7$	0.8942	0.95145—1
$ZnSO_4 + 7H_2O$	$Zn_2P_2O_7$	1.8867	0.27570

Titerflüssigkeiten.

a) Wirkungswerte.

1 cm³ n/₁ Säure zeigt an . . .	0.05611	g KOH
	0.13820/2	„ = 0.06910 g K_2CO_3
	0.04001	„ NaOH
	0.10600/2	„ = 0.05300 „ Na_2CO_3
	0.28616/2	„ = 0.14308 „ $Na_2CO_3 + 10\,H_2O$
	0.02200	„ CO_2
	0.03000	„ CO_3''
	0.05607/2	„ = 0.02804 „ CaO
	0.10007/2	„ = 0.05004 „ $CaCO_3$

bei Verwendung von Methylorange als Indikator!

1 cm³ n/₁ Lauge zeigt an . . .	0.03647	g HCl
	0.09809/2	„ = 0.04905 g H_2SO_4

bei Verwendung von Methylorange als Indikator!

1 cm³ n/₁ Lauge zeigt an . . .	0.00135	g P
	0.003089	„ P_2O_5
	0.004264	„ H_3PO_4
	0.015576	„ $Na_2HPO_4 + 12\,H_2O$
	0.009701	„ $Na_4P_2O_7 + 10\,H_2O$

bei der Titration des gefällten Phosphorammoniummolybdates nach Blair (S. 23)!

1 cm³ n/₁₀ $KMnO_4$ zeigt an . .	0.005584	g Fe
	0.007984	„ Fe_2O_3
	0.019882	„ $FeCl_2 + 4\,H_2O$
	0.016222	„ $FeCl_3$
	0.027801	„ $FeSO_4 + 7\,H_2O$
	0.039216	„ $FeSO_4(NH_4)_2SO_4 + 6\,H_2O$

Vgl. die Bestimmung nach Reinhard-Zimmermann S. 12!

1 cm³ n/₁₀ $KMnO_4$ enthält . .	0.001099	g Mn
	0.001525	„ Mn_3O_4

Vgl. die Manganbestimmung nach Procter Smith S. 14!

1 cm³ n/₁₀ NH_4CNS zeigt an .	0.010788	g Ag
	0.016989	„ $AgNO_3$

bei Verwendung von Eisenalaun als Indikator!

1 cm^3 $n/_{10}$ $AgNO_3$ zeigt an . .	0.013022 g KCN
	0.009802 „ NaCN
	0.003546 „ Cl′
	0.005202 „ CN′

bei Verwendung von KI als Indikator (vgl. S. 44)!

1 cm^3 $n/_{10}$ $KBrO_3$ zeigt an . .	0.00609 g Sb

bei Verwendung von Methylorange als Indikator (vgl. S. 35)!

b) Bereitung der Titerflüssigkeiten.

Wir nehmen an, wir wollen uns den für uns nötigen Satz von Titerflüssigkeiten herstellen, und zwar 5 l von jeder. Wir bereiten uns dann 5 l Flaschen vor, für die Silbernitrat-Lösung eine solche aus braunem Glase und für die Laugen mit Kautschukstopfen versehene, während die übrigen gut passende Glasstopfen haben sollen. Dann bezeichnen wir mit aufgeklebten Papierstreifen, wie hoch in jeder Flasche 5 l stehen und gehen weiter folgendermaßen vor:

$n/_2$ H_2SO_4 - Lösung.

In einem tarierten Becherglase 5 × $1/_4$ Grammole H_2SO_4, das sind 5 × $98.09/_4$ g = 122.6125 g, also rund 122,7 g reinster Schwefelsäure auf 0.1 g genau abwägen, Inhalt des Becherglases langsam und unter Umschwenken in eine der 5 l Flaschen gießen, in der sich bereits 2 l destillierten Wassers befinden, sodann auffüllen, wobei das zum Auffüllen verwendete destillierte Wasser zum Spülen des Becherglases dient und umschütteln.

Einstellung durch Fällung von mit der Bürette ganz genau abgemessenen 20 cm^3 der Flüssigkeit, der man 70 cm^3 Wasser, sowie 10 Tropfen konz. Salzsäure zusetzt und die man in einem 150 cm^3 Bechergläschen auf dem Drahtnetze nahezu bis zum Kochen erhitzt, mit heißer Bariumchlorid-Lösung, Abfiltrieren des Bariumsulfates auf einem 7 cm Blauband-Filter, Waschen mit heißem Wasser, naß veraschen in einem Porzellantiegel von 2.5 cm Höhe und 4 cm oberem Durchmesser, Rückstand nach Erkalten mit einigen Tropfen H_2SO_4 durchfeuchten, diese vorsichtig mit der Fächelflamme vertreiben, wiederum erkalten lassen, auswägen.

1 g $BaSO_4$ = 0.4201 g H_2SO_4.

$n/_2$ HCl - Lösung.

Mit einem Meßglase soviel von der vorhandenen reinen konz. Salzsäure abmessen, deren Dichte man vorerst bestimmt hat, daß auf die 5 l ungefähr 5 × $1/_2$ Grammole HCl = 5 × $36.47/_2$ g = 91.1750 g HCl kommen,

Inhalt des Meßglases in die Flasche leeren, in der sich bereits 1—2 l destillierten Wassers befinden, auffüllen und umschwenken. War zum Beispiel die Dichte unserer Säure 1.170 bei 15° C, dann enthält, laut der Tabelle S. 108, 1 l dieser Säure 391.0 g HCl, und um etwa 91.175 g zu erfassen, müssen wir offenbar $\frac{91.175}{391.0}$ cm^3 = rund 233—234 cm^3 unserer Säure auf 5 l verdünnen.

Einstellung durch Fällung von 20 cm^3 mit der Bürette in ein 150 cm^3 Becherglas genau abgemessener, mit 70 cm^3 Wasser verdünnter Säure mit Silbernitrat-Lösung, 30′ Erhitzen des Inhaltes des Becherglases, dem man noch 5 Tropfen Salpetersäure zusetzt, bis nahezu zum Sieden und Ausarbeitung des Chlorsilber-Niederschlages laut S. 40.

n/$_2$ wässerige KOH- oder NaOH-Lösung.

In einem tarierten 750 cm^3 Becherglase 5 × 1/$_2$ Grammole KOH, das sind 5 × 56.11/$_2$ g = 140.2750 g, also rund 141.0 g KOH oder 5 × 40.01/$_2$ g = 100.0250 g, also rund 101.0 g NaOH abwägen, Lösen in 500 cm^3 destillierten Wassers, Eingießen der Lösung in eine 5 l Flasche, in der sich bereits 1—2 l destillierten Wassers befinden, Auffüllen unter Verwendung des hierzu benützten Wassers zum Spülen des Becherglases und Umschütteln.

Einstellung gegen die bereits eingestellte Säure, Indikator Methylorange!

n/$_2$ alkoholische KOH-Lösung.

Wie oben 141.0 g KOH in Stangen abwägen und in eine der 5 l Flaschen eintragen, in der sich 5 l absoluten Alkohols befinden, Stopfen aufsetzen, öfters umschütteln und schließlich einige Tage rasten lassen, bis über dem Bodensatz von Kaliumkarbonat eine klare, leicht gelblich gefärbte Lösung steht. Diese wird dann, ohne daß man den Bodenkörper aufrührt, in eine andere trockene Flasche abgezogen.

Einstellung gegen die bereits eingestellte Säure, Indikator Phenolphtalein!

n/$_{10}$ $KMnO_4$-Lösung.

Unmittelbar in einer der mit destilliertem Wasser gefüllten 5 l Flaschen 5 × 1/$_{50}$ Grammole $KMnO_4$, das sind 5 × 158.03/$_{50}$ g = 15.8030 g, also rund 15.9 g reines $KMnO_4$ eintragen, verschließen, unter öfterem Umschütteln 2—3 Tage stehen lassen und dann erst gegen Kahlbaumsches Natriumoxalat einstellen[1]).

---

[1]) Sorensen, Ztschft. f. anal. Chemie 1903, SS. 352 und 512.

Hierzu 0.2—0.3 g Oxalat auf einem Uhrgläschen genau abwägen, in einem 400 cm³ Becherglase in 200 cm³ Wasser lösen, auf 60—70° erwärmen, eine Mischung von 1.5 cm³ H_2SO_4 mit 10 cm³ Wasser zufügen und mit der ca. n/$_{10}$ $KMnO_4$-Lösung auf Rot austitrieren.

$$2\,KMnO_4 + 5\,H_2C_2O_4 + 3\,H_2SO_4 = K_2SO_4 + 2\,MnSO_4 + 10\,CO_2 + 8\,H_2O$$

1 Grammol $KMnO_4$ entspricht also 5/$_2$ Grammolen $Na_2C_2O_4$ und

1/$_{50}$ Grammol $KMnO_4$ entspricht 1/$_{20}$ Grammolen $Na_2C_2O_4$

das heißt 1/$_{20}$ Grammole $Na_2C_2O_4$ = 134.0/$_{20}$ g = 6.7000 g Oxalat entsprechen 1 l n/$_{10}$ $KMnO_4$-Lösung.

Haben wir also zur Titerstellung 0.2215 g Oxalat abgewogen, so müßten wir, wäre die $KMnO_4$-Lösung genau n/$_{10}$, gerade 0.2215/6.7000 l = 0.03306 l = 33.06 cm³ von ihr verbraucht haben. Tatsächlich waren es 33.90 cm³, also ist die Lösung 33.06/33.90 = 0.097522 normal.

n/$_{10}$ $AgNO_3$ - Lösung.

In der mit destilliertem Wasser gefüllten braunen 5 l Flasche 5 × 1/$_{10}$ Grammole $AgNO_3$ = 5 × 169.89/$_{10}$ g = 84.9450 g, also rund 85.0 g $AgNO_3$ lösen.

Einstellung durch Bestimmung des Silbers in mit der Bürette genau abgemessenen 25 cm³ (vgl. S. 40).

n/$_{10}$ NH_4CNS - Lösung.

5 × 1/$_{10}$ Grammole NH_4CNS = 5 × 76.118/$_{10}$ g = 38.0590 g, also rund 38.1 g reines Sulfozyanat unmittelbar in der Flasche lösen.

Einstellung gegen die bereits gestellte ca n/$_{10}$ $AgNO_3$-Lösung, von der man 25 cm³ mit der Bürette genau in einem 200 cm³ Titrierkolben abmißt, sodann 50 cm³ Wasser, ferner 1—2 cm³ Salpetersäure und weiter 5 Tropfen Eisenalaun-Lösung zugibt, worauf man schließlich unter Umschwenken austitriert.

n/$_{10}$ $KBrO_3$ - Lösung.

5 × 1/$_{60}$ Grammole $KBrO_3$ = 5 × 167.02/$_{60}$ g = 13.9183 g. also rund 13.92 g reines Kaliumbromat unmittelbar in einer der Flaschen lösen.

Einstellung gegen Kahlbaumsches Antimon, dessen Gehalt an Antimon man genau kennt, indem man ungefähr 1.35 g Späne von reinem Blei und etwa 0.15 g des eben erwähnten, vorher zerstoßenen Antimons ganz genau abwägt, beides in einen 200 cm³ Erlenmeyer-Kolben überträgt und die Bestimmung nach Oesterhold-Honegger (S. 35) ausführt.

Dichten von Salzsäuren verschiedener Konzentration.

(Lunge und Marchlewski.)

Dichte bei 15°/4°	Grad Baumé	100 Gewichtsteile enthalten Gewichtsteile HCl	1 Liter enthält Kg HCl
1.000	0.0	0.16	0.0016
1.005	0.7	1.15	0.012
1.010	1.4	2.14	0.022
1.015	2.1	3.12	0.032
1.020	2.7	4.13	0.042
1.025	3.4	5.15	0.053
1.030	4.1	6.15	0.063
1.035	4.7	7.15	0.074
1.040	5.4	8.16	0.085
1.045	6.0	9.16	0.096
1.050	6.7	10.17	0.107
1.055	7.4	11.18	0.118
1.060	8.0	12.19	0.129
1.065	8.7	13.19	0.140
1.070	9.4	14.17	0.152
1.075	10.0	15.16	0.163
1.080	10.6	16.15	0.174
1.085	11.2	17.13	0.186
1.090	11.9	18.11	0.197
1.095	12.4	19.06	0.209
1.100	13.0	20.01	0.220
1.105	13.6	20.97	0.232
1.110	14.2	21.92	0.243
1.115	14.9	22.86	0.255
1.120	15.4	23.82	0.267
1.125	16.0	24.78	0.279
1.130	16.5	25.75	0.291
1.135	17.1	26.70	0.302
1.140	17.7	27.66	0.315
1.1425	18.0	28.14	0.321
1.145	18.3	28.61	0.328
1.150	18.8	29.57	0.340
1.152	19.0	29.95	0.345
1.155	19.3	30.55	0.353
1.160	19.8	31.52	0.366
1.163	20.0	32.10	0.373
1.165	20.3	32.49	0.379
1.170	20.9	33.46	0.391
1.171	21.0	33.65	0.394
1.175	21.4	34.42	0.404
1.180	22.0	35.39	0.418
1.185	22.5	36.31	0.430
1.190	23.0	37.23	0.443
1.195	23.5	38.16	0.456
1.200	24.0	39.11	0.469

Dichten von Schwefelsäuren verschiedener Konzentration.

(Lunge, Isler und Naef.)

Dichte bei 15°/4°	Grad Baumé	100 Gewichtsteile enthalten Gewichtsteile H_2SO_4	1 Liter enthält KgH_2SO_4
1.000	0	0.09	0.001
1.005	0.7	0.95	0.009
1.010	1.4	1.57	0.016
1.015	2.1	2.30	0.023
1.020	2.7	3.03	0.031
1.025	3.4	3.76	0.039
1.030	4.1	4.49	0.046
1.035	4.7	5.23	0.054
1.040	5.4	5.96	0.062
1.045	6.0	6.67	0.071
1.050	6.7	7.37	0.077
1.055	7.4	8.07	0.085
1.060	8.0	8.77	0.093
1.065	8.7	9.47	0.102
1.070	9.4	10.19	0.109
1.075	10.0	10.90	0.117
1.080	10.6	11.60	0.125
1.085	11.2	12.30	0.133
1.090	11.9	12.99	0.142
1.095	12.4	13.67	0.150
1.100	13.0	14.35	0.158
1.105	13.6	15.03	0.166
1.110	14.2	15.71	0.175
1.115	14.9	16.36	0.183
1.120	15.4	17.01	0.191
1.125	16.0	17.66	0.199
1.130	16.5	18.31	0.207
1.135	17.1	18.96	0.215
1.140	17.7	19.61	0.223
1.145	18.3	20.26	0.231
1.150	18.8	20.91	0.239
1.155	19.3	21.55	0.248
1.160	19.8	22.19	0.257
1.165	20.3	22.83	0.266
1.170	20.9	23.47	0.275
1.175	21.4	24.12	0.283
1.180	22.0	24.76	0.292
1.185	22.5	25.40	0.301
1.190	23.0	26.04	0.310
1.195	23.5	26.68	0.319
1.200	24.0	27.32	0.328
1.205	24.5	27.95	0.337

Dichte bei 15°/4°	Grad Baumé	100 Gewichtsteile enthalten Gewichtsteile H_2SO_4	1 Liter enthält KgH_2SO_4
1.210	25.0	28.58	0.346
1.215	25.5	29.21	0.355
1.220	26.0	29.84	0.364
1.225	26.4	30.48	0.373
1.230	26.9	31.11	0.382
1.235	27.4	31.70	0.391
1.240	27.9	32.28	0.400
1.245	28.4	32.86	0.409
1.250	28.8	33.43	0.418
1.255	29.3	34.00	0.426
1.260	29.7	34.57	0.435
1.265	30.2	35.14	0.444
1.270	30.6	35.71	0.454
1.275	31.1	36.29	0.462
1.280	31.5	36.87	0.472
1.285	32.0	37.45	0.481
1.290	32.4	38.03	0.490
1.295	32.8	38.61	0.500
1.300	33.3	39.19	0.510
1.305	33.7	39.77	0.519
1.310	34.2	40.35	0.529
1.315	34.6	40.93	0.538
1.320	35.0	41.50	0.548
1.325	35.4	42.08	0.557
1.330	35.8	42.66	0.567
1.335	36.2	43.20	0.577
1.340	36.6	43.74	0.586
1.345	37.0	44.28	0.596
1.350	37.4	44.82	0.605
1.355	37.8	45.35	0.614
1.360	38.2	45.88	0.624
1.365	38.6	46.41	0.633
1.370	39.0	46.94	0.643
1.375	39.4	47.47	0.653
1.380	39.8	48.00	0.662
1.385	40.1	48.53	0.672
1.390	40.5	49.06	0.682
1.395	40.8	49.59	0.692
1.400	41.2	50.11	0.702
1.405	41.6	50.63	0.711
1.410	42.0	51.15	0.721
1.415	42.3	51.66	0.730
1.420	42.7	52.15	0.740
1.425	43.1	52.63	0.750

Dichte bei 15°/4°	Grad Baumé	100 Gewichtsteile enthalten Gewichtsteile H_2SO_4	1 Liter enthält KgH_2SO_4
1.430	43.4	53.11	0.759
1.435	43.8	53.59	0.769
1.440	44.1	54.07	0.779
1.445	44.4	54.55	0.789
1.450	44.8	55.03	0.798
1.455	45.1	55.50	0.808
1.460	45.4	55.97	0.817
1.465	45.8	56.43	0.827
1.470	46.1	56.90	0.837
1.475	46.4	57.37	0.846
1.480	46.8	57.83	0.856
1.485	47.1	58.28	0.865
1.490	47.4	58.74	0.876
1.495	47.8	59.22	0.885
1.500	48.1	59.70	0.896
1.505	48.4	60.18	0.906
1.510	48.7	60.65	0.916
1.515	49.0	61.12	0.926
1.520	49.4	61.59	0.936
1.525	49.7	62.06	0.946
1.530	50.0	62.53	0.957
1.535	50.3	63.00	0.967
1.540	50.6	63.43	0.977
1.545	50.9	63.85	0.987
1.550	51.2	64.26	0.996
1.555	51.5	64.67	1.006
1.560	51.8	65.20	1.017
1.565	52.1	65.65	1.027
1.570	52.4	66.09	1.038
1.575	52.7	66.53	1.048
1.580	53.0	66.95	1.058
1.585	53.3	67.40	1.068
1.590	53.6	67.83	1.078
1.595	53.9	68.26	1.089
1.600	54.1	68.70	1.099
1.605	54.4	69.13	1.110
1.610	54.7	69.56	1.120
1.615	55.0	70.00	1.131
1.620	55.2	70.42	1.141
1.625	55.5	70.85	1.151
1.630	55.8	71.27	1.162
1.635	56.0	71.70	1.172
1.640	56.3	72.12	1.182
1.645	56.6	72.55	1.193

Dichte bei 15°/4°	Grad Baumé	100 Gewichtsteile enthalten Gewichtsteile H_2SO_4	1 Liter enthält KgH_2SO_4
1.650	56.9	72.96	1.204
1.655	57.1	73.40	1.215
1.660	57.4	73.81	1.225
1.665	57.7	74.24	1.230
1.670	57.9	74.66	1.246
1.675	58.2	75.08	1.259
1.680	58.4	75.50	1.268
1.685	58.7	75.94	1.278
1.690	58.9	76.38	1.289
1.695	59.2	76.76	1.301
1.700	59.5	77.17	1.312
1.705	59.7	77.60	1.323
1.710	60.0	78.04	1.334
1.715	60.2	78.48	1.346
1.720	60.4	78.92	1.357
1.725	60.6	79.36	1.369
1.730	60.9	79.80	1.381
1.735	61.1	80.24	1.392
1.740	61.4	80.68	1.404
1.745	61.6	81.12	1.416
1.750	61.8	81.56	1.427
1.755	62.1	82.00	1.439
1.760	62.3	82.44	1.451
1.765	62.5	83.01	1.465
1.770	62.8	83.51	1.478
1.775	63.0	84.02	1.491
1.780	63.2	84.50	1.504
1.785	63.5	85.10	1.519
1.790	63.7	85.70	1.534
1.795	64.0	86.30	1.549
1.800	64.2	86.92	1.564
1.805	64.4	87.60	1.581
1.810	64.6	88.30	1.598
1.815	64.8	89.16	1.618
1.820	65.0	90.05	1.639
1.822	65.1	90.40	1.647
1.824	65.2	90.80	1.656
1.826	65.3	91.25	1.666
1.828	65.4	91.70	1.676
1.831	65.5	92.43	1.692
1.833	65.6	92.97	1.704
1.835	65.7	93.56	1.717
1.838	65.8	94.60	1.739
1.840	65.9	95.60	1.759

Dichten von Salpetersäuren verschiedener Konzentration.

(Lunge und Rey.)

Dichte bei 15°/4°	Grad Baumé	100 Gewichtsteile enthalten Gewichtsteile HNO_3	1 Liter enthält $KgHNO_3$
1.000	0	0.10	0.001
1.005	0.7	1.00	0.010
1.010	1.4	1.90	0.019
1.015	2.1	2.80	0.028
1.020	2.7	3.70	0.038
1.025	3.4	4.60	0.047
1.030	4.1	5.50	0.057
1.035	4.7	6.38	0.066
1.040	5.4	7.26	0.075
1.045	6.0	8.13	0.085
1.050	6.7	8.99	0.094
1.055	7.4	9.84	0.104
1.060	8.0	10.68	0.113
1.065	8.7	11.51	0.123
1.070	9.4	12.33	0.132
1.075	10.0	13.15	0.141
1.080	10.6	13.95	0.151
1.085	11.2	14.74	0.160
1.090	11.9	15.53	0.169
1.095	12.4	16.32	0.179
1.100	13.0	17.11	0.188
1.105	13.6	17.89	0.198
1.110	14.2	18.67	0.207
1.115	14.9	19.45	0.217
1.120	15.4	20.23	0.227
1.125	16.0	21.00	0.236
1.130	16.5	21.77	0.246
1.135	17.1	22.54	0.256
1.140	17.7	23.31	0.266
1.145	18.3	24.08	0.276
1.150	18.8	24.84	0.286
1.155	19.3	25.60	0.296
1.160	19.8	26.36	0.306
1.165	20.3	27.12	0.316
1.170	20.9	27.88	0.326
1.175	21.4	28.63	0.336
1.180	22.0	29.38	0.347
1.185	22.5	30.13	0.357
1.190	23.0	30.88	0.367
1.195	23.5	31.62	0.378
1.200	24.0	32.36	0.388
1.205	24.5	33.09	0.399

Dichte bei 15°/4°	Grad Baumé	100 Gewichtsteile enthalten Gewichtsteile HNO_3	1 Liter enthält $KgHNO_3$
1.210	25.0	33.82	0.409
1.215	25.5	34.55	0.420
1.220	26.0	35.28	0.430
1.225	26.4	36.03	0.441
1.230	26.9	36.78	0.452
1.235	27.4	37.53	0.463
1.240	27.9	38.29	0.475
1.245	28.4	39.05	0.486
1.250	28.8	39.82	0.498
1.255	29.3	40.58	0.509
1.260	29.7	41.34	0.521
1.265	30.2	42.10	0.533
1.270	30.6	42.87	0.544
1.275	31.1	43.64	0.556
1.280	31.5	44.41	0.568
1.285	32.0	45.18	0.581
1.290	32.4	45.95	0.593
1.295	32.8	46.72	0.605
1.300	33.3	47.49	0.617
1.305	33.7	48.26	0.630
1.310	34.2	49.07	0.643
1.315	34.6	49.89	0.656
1.320	35.0	50.71	0.669
1.325	35.4	51.53	0.683
1.330	35.8	52.37	0.697
1.3325	36.0	52.80	0.704
1.335	36.2	53.22	0.710
1.340	36.6	54.07	0.725
1.345	37.0	54.93	0.739
1.350	37.4	55.79	0.753
1.355	37.8	56.66	0.768
1.360	38.2	57.57	0.783
1.365	38.6	58.48	0.798
1.370	39.0	59.39	0.814
1.375	39.4	60.30	0.829
1.380	39.8	61.27	0.846
1.3833	40.0	61.92	0.857
1.385	40.1	62.24	0.862
1.390	40.5	63.23	0.879
1.395	40.8	64.25	0.896
1.400	41.2	65.30	0.914
1.405	41.6	66.40	0.933
1.410	42.0	67.50	0.952
1.415	42.3	68.63	0.971

Dichte bei 15°/4°	Grad Baumé	100 Gewichtsteile enthalten Gewichtsteile HNO_3	1 Liter enthält $KgHNO_3$
1.420	42.7	69.80	0.991
1.425	43.1	70.98	1.011
1.430	43.4	72.17	1.032
1.435	43.8	73.39	1.053
1.440	44.1	74.68	1.075
1.445	44.4	75.98	1.098
1.450	44.8	77.28	1.121

Dichten von Ammoniak verschiedener Konzentration.

(Lunge und Wiernik.)

Dichte bei 15°/15°	100 Gewichtsteile enthalten Gewichtsteile NH_3	1 Liter enthält g NH_3
1.000	0.00	0.0
0.998	0.45	4.5
0.996	0.91	9.1
0.994	1.37	13.6
0.992	1.84	18.2
0.990	2.31	22.8
0.986	3.30	32.5
0.982	4.30	42.2
0.980	4.80	47.0
0.974	6.30	61.3
0.970	7.31	70.8
0.968	7.82	75.6
0.966	8.33	80.4
0.964	8.84	85.1
0.962	9.37	90.1
0.960	9.91	95.1
0.958	10.47	100.2
0.954	11.60	110.6
0.952	12.17	115.8
0.950	12.74	120.9
0.948	13.31	126.1
0.946	13.88	131.2
0.944	14.46	136.4
0.942	15.04	141.4
0.940	15.63	146.8
0.958	16.22	152.0
0.936	16.82	157.5
0.934	17.42	162.6
0.932	18.03	167.9
0.930	18.64	173.2

Dichte bei 15°/15°	100 Gewichtsteile enthalten Gewichtsteile NH_3	1 Liter enthält g NH_3
0.926	19.87	183.8
0.922	21.12	194.6
0.920	21.75	199.9
0.914	23.68	216.2
0.910	24.99	227.2
0.908	25.65	232.7
0.906	26.31	238.2
0.904	26.98	243.7
0.902	27.65	249.2
0.900	28.33	254.7
0.898	29.01	260.3
0.894	30.37	271.3
0.892	31.05	276.7
0.890	31.75	282.3
0.888	32.50	288.3
0.886	33.25	294.3
0.884	34.10	301.2
0.882	34.95	308.0

Die von einem Strom von 1 A Stärke in 1 h niedergeschlagenen Metallmengen in g.

Blei	1.926 g
Eisen	0.696 g
Gold, einwertig	7.366 g
Kadmium	2.087 g
Kobalt	1.097 g
Kupfer, einwertig, aus zyankal. Bad	2.362 g
„ , zweiwertig, aus Plastik-Bad	1.184 g
Nickel	1.094 g
Palladium	1.990 g
Platin	1.814 g
Silber	4.025 g
Zink	1.220 g
Zinn	1.112 g

Einige Formeln der Elektrotechnik.

a) Gleichstrom.

Einheit des elektrischen Widerstandes = 1 Ohm (O) = Widerstand eines Fadens reinen Quecksilbers, der gerade 1.063 m lang ist und überall 1 mm^2 Querschnitt hat bei 0° C,

Einheit der Stromstärke = 1 Ampèr (A) = Stärke jenes Stromes der in 1 h gerade 1.184 g Kupfer aus einer Lösung von Kupfersulfat in Wasser ausscheidet,

Einheit der Spannung = 1 Volt (V) = jene Spannung, die durch eine Leitung von 1 O Widerstand gerade einen Strom von 1 A Stärke treibt.

$$\text{Stromstärke in einem Stromkreise in A} = \frac{\text{Spannung zwischen den Enden des Stromkreises in V}}{\text{Widerstand des Stromkreises in O}}$$

$$A = \frac{V}{O}$$

daher:

$$V = A \times O$$

und:

$$O = \frac{V}{A}$$

$$\text{Widerstand einer Strombahn in O} = \frac{\text{Spezifischer Widerstand des Materials aus dem die Strombahn besteht (sp.W.)} \times \text{Länge der Strombahn (l)}}{\text{Querschnitt der Strombahn (q)}}$$

$$O = \frac{\text{sp. W.} \times l}{q}$$

daher:

$$l = \frac{O \times q}{\text{sp. W.}}$$

und:

$$q = \frac{\text{sp. W.} \times l}{O}$$

und:

$$\text{sp. W.} = \frac{O \times q}{l}$$

In diesen Formeln bedeutet bei ihrer Anwendung auf

metallene Strombahnen:

sp. W = Widerstand eines Drahtes aus dem betreffenden Metall von 1 m Länge und 1 mm^2 Querschnitt in O[1]),

l = Länge der Strombahn in m,

q = Querschnitt der Strombahn in mm^2.

---

[1]) Bei derselben Temperatur, welche die Strombahn hat, um deren Widerstand es sich handelt. Der spezifische Widerstand eines Metalles oder einer Flüssigkeit ist nämlich eine von der Temperatur abhängige Grösse — bei Metallen nimmt er mit steigender Temperatur zu, bei Flüssigkeiten im allgemeinen ab.

Bäder:

sp. W. = Widerstand eines Stückes der betreffenden Flüssigkeit von 1 dm Länge und 1 dm² Querschnitt in O,
l = Länge der Strombahn in dm,
q = Ouerschnitt der Strombahn in dm².

Einheit der mechanischen Arbeit = 1 Kilogrammeter (kgm), die Arbeit, die vollbracht wird, wenn man 1 kg gerade 1 m hoch hebt (oder 0.5 kg gerade 2 m oder 2 kg gerade 0.5 m usw.),

Einheit der mechanischen Leistung = 1 Kilogrammeter je 1 Sekunde (kgm/sek), die Leistung, die vollbracht wird, wenn man 1 kg gerade in 1″ auf 1 m hoch hebt (oder 0.5 kg gerade 2 m oder 2 kg gerade 0.5 m usw.), also:

mechanische Leistung einer Maschine in kgm/sek	=	von der Maschine vollbrachte Arbeit in kgm	:	Arbeitsdauer in Sekunden

und:

von einer Maschine vollbrachte Arbeit in kgm	=	mechanische Leistung der Maschine in kgm/sek	×	Arbeitsdauer in Sekunden

In der Technik übliche Einheit der mechanischen Leistung = 1 Pferdestärke (PS) = 75 kgm/sek,
übliche Einheit der Arbeit = 1 Pferdekraftstunde (PSSt)
also:

mechanische Leistung einer Maschine in PS	=	von der Maschine vollbrachte Arbeit in PSSt	:	Arbeitsdauer in Stunden

und:

von einer Maschine vollbrachte Arbeit in PSSt	=	mechanische Leistung der Maschine in PS	×	Arbeitsdauer in Stunden

Einheit der elektrischen Arbeit = 1 Wattstunde (WSt) und zwar ist:

die in einem Stromkreise umgesetzte elektr. Arbeit in WSt	=	Spannung zwischen den Enden des Stromkreises in V	×	Stärke des Stromes in A	×	Arbeitsdauer in Stunden

Einheit der elektrischen Leistung = 1 Watt (W) und zwar ist:

die in einem Stromkreises umgesetzte elektrische Leistung in W	=	Spannung zwischen den Enden des Stromkreises in V	×	Stärke des Stromes in A

Den Zusammenhang zwischen elektrischer Leistung und elektrischer Arbeit weisen also folgende Formeln[1]):

$$\text{elektrische Leistung in W} = \text{elektrische Arbeit in WSt} : \text{Arbeitsdauer in Stunden}$$

$$\text{elektrische Arbeit in WSt} = \text{elektrische Leistung in W} \times \text{in Stunden Arbeitsdauer}$$

In der Technik werden häufig Vielfache der vorstehenden Einheiten gebraucht und zwar:

1 Hektowatt (HW) = 100 W und 1 Kilowatt (KW) = 10 HW = 1000 W und:

1 Hektowattstunde (HWSt) = 100 WSt und 1 Kilowattstunde = 10 HWSt = 1000 WSt

Den Zusammenhang zwischen mechanischer und elektrischer Leistung zeigt weiter der Ansatz:

1 PS = 736 W = 7.36 HW = 0.736 KW

während umgekehrt ist:

1 W = 1 PS : 736 = 0.001359 PS
1 HW = 1 PS : 7.36 = 0.1359 PS
1 KW = 1 PS : 0.736 = 1.359 PS

und schließlich steht die in einem Stromkreise umgesetzte elektrische Arbeit, wenn sie zur Gänze in Wärme umgewandelt wird, zu deren Menge in folgender Beziehung:

$$\text{im Stromkreise entwickelte Wärmemenge in Kalorien (K)} = 0.859 \times \text{umgesetzte elektrische Arbeit in WSt}$$

$$= 0.859 \times \text{Spannung zwischen den Enden des Stromkreises in V} \times \text{Stromstärke in A} \times \text{Arbeitsdauer in Stden.}$$

$$= 0.859 \times \text{Stromstärke in A} \times \text{Stromstärke in A} \times \text{Widerstand des Stromkreises in O} \times \text{Arbeitsdauer in Stden.}$$

[1]) Bei Gleichstrom brauchen wir also zur Messung der in einem Stromkreise umgesetzten Leistung an Meßinstrumenten nur ein passendes Voltmeter und ein ebensolches Amperemeter und, wenn wir auch die umgesetzte Arbeit bestimmen wollen, offenbar noch eine Uhr. Bei Wechselstrom können wir dagegen zur Messung der Leistung des Wattmeters nicht entraten, das sie uns unmittelbar angibt.

Der Wirkungsgrad eines elektrischen Motors oder eines Generators ist das Verhältnis der abgegebenen zur aufgenommenen Leistung:

$$\text{Wirkungsgrad} = \frac{\text{abgegebene Leistung}}{\text{aufgenommene Leistung}}$$

wobei selbstverständlich Dividend und Divisor in denselben Einheiten angegeben werden müssen — z. B. ist der Wirkungsgrad eines sogenannten „Umformers“ oder eines „Aggregates“ aus einem Gleichstrom-Motor und einem Gleichstrom-Generator:

$$\frac{\text{abgegebene Leistung in W}}{\text{aufgenommene Leistung in W}} = \frac{\text{Spannung zwischen den Generatorklemmen in V} \times \text{Stärke des abgenommenen Stromes in A}}{\text{Spannung zwischen den Motorklemmen in V} \times \text{Stärke des dem Motor zufließenden Stromes in A}}$$

---

b) Wechselstrom.

$$\text{von einem Drehstrom-Motor aufgenommene elektrische Leistung in W} = 1.73 \times \text{Angabe des Wattmeters in W}$$

daher ist der „Wirkungsgrad“ eines „Aggregates“ aus einem Drehstrom-Motor und einem Gleichstrom-Generator:

$$\frac{\text{abgegebene Leistung in W}}{\text{aufgenommene Leistung in W}} = \frac{\text{Spannung zwischen den Generatorklemmen in V} \times \text{Stärke des abgenommenen Stromes in A}}{1.73 \times \text{Angabe des Wattmeters in W}}$$

Einige für den Galvanotechniker wichtige deutsche Lehr- und Handbücher.

Was zunächst die Galvanotechnik selbst anbelangt, ist erst einmal das umfassende Werk:

Dr. W. Pfanhauser, „Die elektrolytischen Metallniederschläge“, Berlin, bei Springer,

zu erwähnen, das bei der Fülle seines Inhaltes auch dem erfahrenen Fachmanne immer wieder nützlich sein wird. Mit Sondergebieten befassen sich sodann die beiden Veröffentlichungen des gleichen Verfassers:

„Die Herstellung von Metallgegenständen auf elektrolytischem Wege“ und

„Die Galvanoplastik“, beide bei Knapp, Halle a. S.

Vor allem für den Praktiker bestimmt ist dagegen das Buch:

Buchner-Wogrinz, „Die galvanischen Metallniederschläge Galvanostegie und Galvanoplastik / und deren Ausführung", Berlin, bei Krayn,

in dem ihm auch eine leicht faßliche Einführung in die für ihn nötigen Grundbegriffe der Chemie und der Elektrotechnik geboten wird.

Zum ersten Studium der analytischen Chemie im allgemeinen sei sodann nicht nur:

Treadwell, „Kurzes Lehrbuch der Analytischen Chemie", Leipzig und Wien, bei Deuticke,

sondern auch das in Deutschland leider viel zu wenig bekannte, noch immer wertvolle Werk empfohlen:

de Koninck-Meineke, „Lehrbuch der qualitativen und quantitativen chemischen Analyse", Berlin, bei Mückenberger

und ferner zur Vertiefung der gewonnenen Kenntnisse:

Classen, „Handbuch der Analytischen Chemie", Stuttgart, bei Enke,

Mohr-Beckurts-Lüning, „Die Methoden der Maßanalyse", Braunschweig, bei Vieweg,

Classen, „Quantitative Analyse durch Elektrolyse", Berlin, bei Springer,

Treadwell, „Elektroanalytische Methoden", Berlin, bei Bornträger,

Lunge-Berl, „Chemisch-Technische Untersuchungsmethoden", Berlin, bei Springer,

Post-Neumann, „Chemisch-Technische Analyse", Braunschweig, bei Vieweg.

Reiche Belehrungen auf uns naheliegenden Sondergebieten werden dem aufmerksamen Leser schließlich bringen:

Ledebur-Bauer, „Die Legierungen und ihre Anwendung für gewerbliche Zwecke", Berlin, bei Krayn,

Buchner, „Die Metallfärbung und deren Ausführung", ebenda und

Buchner, „Hilfsbuch für Metalltechniker", Berlin, bei Seydel.

Sach-

Wenn es sich schon aus dem Inhaltsverzeichnis ergibt, wo über einen stellung kein Hin-

übersicht.

Gegenstand nachzulesen ist, findet sich in der folgenden Zusammen-
weis auf ihn.

In											
Zyankupfer- und Zyanzink-präparaten	Silberpräparaten	Goldpräparaten	Salzsäure	Schwefelsäure	Zinkbädern	Nickel- u. Nickel-Kobaltbädern	Sauren Kupferbädern	Zyankalischen Kupferbädern	Messingbädern	Silberbädern	Goldbädern
53	—	—	—	—	66,84	—	82	—	—	—	—
—	—	—	—	—	—	75	82	—	—	—	—
—	—	—	—	—	—	—	—	—	—	—	—
—	—	—	58	58	—	—	—	—	87	—	—
—	—	—	—	—	—	—	—	—	—	—	—
—	—	—	—	—	—	—	—	—	—	—	—
—	—	—	—	—	—	75	—	—	—	—	—
—	—	—	—	—	—	—	82	—	—	—	—
53	—	—	—	—	67,84	74	82	—	87	—	—
—	—	56	—	—	—	—	—	—	—	—	90
—	—	—	—	—	—	—	82	—	—	—	—
—	—	—	—	—	—	77	—	—	—	—	—
—	—	—	—	—	—	—	—	—	—	88	—
53	—	—	—	—	—	74	80,82	86	87	—	—
—	—	—	—	—	—	—	—	—	—	—	—
—	—	—	—	—	66	—	—	—	—	—	—
—	—	—	—	—	—	—	82	—	—	—	—
—	—	—	—	—	—	70	—	—	87	—	—
—	—	—	—	—	—	—	—	—	—	—	—
—	55	—	—	—	—	—	—	—	—	88	—
53	—	—	—	—	66,83	73	82	—	87	—	—
—	—	—	—	—	—	—	—	—	—	—	—
—	—	—	—	—	—	75	—	—	—	—	—
—	56	—	—	—	83	—	—	85	86	88	—

FSC
www.fsc.org
MIX
Papier | Fördert gute Waldnutzung
FSC® C083411

Zeitfracht Medien GmbH
Ferdinand-Jühlke-Straße 7
99095 Erfurt, Deutschland
produktsicherheit@kolibri360.de